东京美食吃饱饱

连日本人都想知道的巷弄惊奇美食

[日]中川节子 著
[日]豆子 绘
梁雅晶 译

SPM
南方出版传媒
新世纪出版社
·广州·

初次见面，大家好！
我是插画家豆子，现在居住在东京。
我的工作主要是创作插图、绘本角色及其他图文创作等。
最近也接到很多关于美食漫画的工作呢！
虽然我厨艺不精……
但却是个十足的吃货！
尝遍所有没有吃过的美食！
噔！
这是我的人生目标之一！
所以……
我很喜欢去探索好吃的店……
那家店看起来好好吃哦！
诡异
但是吃过的店味道总是差那么一点……
真的很想找到能让我爱到骨子里的店，这样我也能向别人推荐一番……
自己真心认同的美味的店。
那就由我来为您带路吧！
……你是？

我是在美食杂志担任编辑兼采访工作的中川节子。
初次见面，请多多关照！
跟中川小姐攀谈了几句后得知……
——幼儿时代——
在东京土生土长的中川小姐。
在精通日本料理和西式料理的妈妈的悉心照料下长大。
一家人对于『吃』都有着非同寻常的执着。
活蹦乱跳
亲自处理鳗鱼的爷爷。
——学生时代——
但这并不是因为食量大，而是为了吃各种好吃的哦！
中川小姐兼职赚的钱基本都用来吃东西了。
所以现在的中川小姐，足迹已经踏遍东京的新老名店，网罗了东京所有名店的美食资讯。
简直就是活生生的美食指南啊！
东京有很多享誉全国的店啊！
你明明住在东京却没有去尝一下，真的是亏大了！
热爱美食！
燃烧
一定要带我去啊！
你的胃已经清空准备好了吗？
要出发啦！
准备好啦！
《美食吃饱饱 东京》正式开篇啦！

每一种看起来都好好吃的样子……

江古田：Jiyusan
酱汤四溢、齿颊留香的炸豆腐。

神田：神田松屋总店
看起来像乌冬的极粗荞麦面（告诉你一个秘密：这是只有常客才知道的神秘菜式哦！）

赤羽桥：野田岩，麻布饭仓总店
入口即化，令人心驰神往的美味鳗鱼。

浅草：鳗鱼 色川
鲜味满满的干烤鳗鱼。

银座：炼瓦亭
浓浓的番茄酱！奄列饭（蛋包饭）的鼻祖。

中野：味治
鳗鱼串烤得恰到好处，大师级水准！

上野：Pon多本家
好吃到想膜拜的极品炸丸子。

浅草：Yoshikami
“抱歉，我们做得太好吃了”的炖牛肉。

目白：三角
爽滑的云吞面，无比怀念的酱油味道。

东中野：十番
尽情享受东京独有的饺子文化。

要町：青蛙食堂
可爱的绿青蛙装饰摆盘。

新桥：The KARI
辛辣味满满的牛肉咖喱。

浅草：浅草大多福
银杏鹌鹑蛋浓汤。

神田·淡路町：竹村
烤得恰到好处的红豆年糕，香滑的口感！

江古田：Maimai
米纸卷猪肉，卷卷卷。

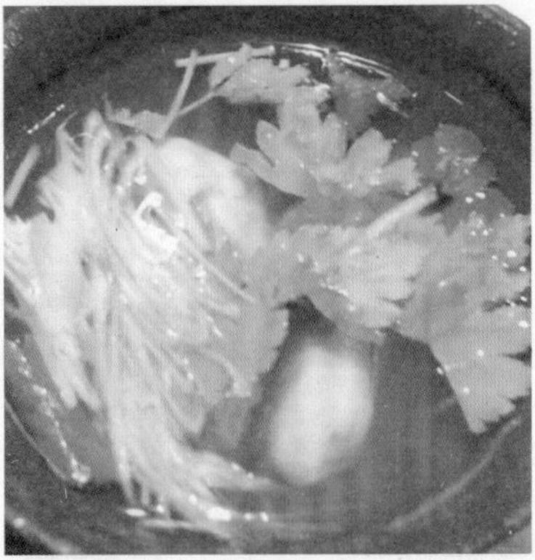

御茶水：关东煮 Konakara总店
冬季绝不能错过的冬日限定牡蛎关东煮。

原宿：Pepoka
色彩纷呈的甜点？错啦，这是秘鲁料理！

麻布十番：拿破仑的鱼
酸、辣、浓的麻婆豆腐，一次满足你三个愿望！

银座：近藤天妇罗
萝卜天妇罗，简直是艺术般的享受！

高円(yuán)寺：天助
香脆松软的鸡蛋天妇罗饭。

丸之内：HIRO西餐厅
虾酱、土豆、大蒜的完美搭配。

银座：银座Asami
嘎吱嘎吱的口感，新鲜的鲷鱼茶泡饭。

足立市场：武寿司
新鲜的寿司——江户前的极品美食！

筑地市场：高桥鱼料理
入口即化，令人心驰神往的大碗康吉鳗鱼。

江古田
西武池袋线
池袋
目白
高田马场
中央线
东中野
新宿
原宿
涩谷
山手线
品川
东京单轨电车
浜松町
新桥
有乐町
东京
神田
饭田桥
御茶水
秋叶原
总武线
御徒町
上野
日暮里
常磐线
南千住
浅草
011
寻找古韵雅致——原汁原味的江户荞麦
①井木薮荞麦（浅草）
②神田松屋 总店（神田）
③眠庵（神田）
④Jiyusan（江古田）
023
浓缩的工匠技艺——质嫩爽口的鳗鱼
⑤鳗鱼 色川（浅草）
⑥野田岩 麻布饭仓总店（赤羽桥）
⑦味治（中野）
035
男女老少都爱——老字号的西餐厅
⑧炼瓦亭（银座）
⑨Yoshikami（浅草）
⑩Pon 多本家（上野）

目录

①本书有关的美食资料来自于 2013 年 12 月的采访讯息，价格等讯息可能会有所变动，还请多加注意。
②地图为只标示主要道路及路线的简略位置图。

走，我们出发吧！
吼吼！

寻找古韵雅致——原汁原味的

江户荞麦

①并木薮荞麦（浅草）
②神田松屋 总店（神田）
③眠庵（神田）
④Jiyusan（江古田）

说到东京美食，首先最想推荐的还是……
荞麦面！
但其实我自己几乎没有主动提出过要去吃荞麦面呢……
你有没有搞错啊！荞麦面可是东京的经典美食代表啊！
雷門
在浅草
马上就要开始搜寻名店啦！
啊！好紧张啊！
心跳加速中的我……
因为要找老字号的荞麦面店，而且还是在浅草！
不是熟客？恕不招待！
怎么这样蘸酱汁啊……真是门外汉呢……
感觉不是熟客的话，做得不好就会被嫌弃！
冷汗直流——
豆子小姐，跟紧了哦！
『并木薮荞麦』是一家非常有名的店哦！只要是喜欢吃荞麦面的就没有不知道这家店的！
大正2年创业！（1913年）
薮
哇！
门前有洒水
这里午饭时间和节假日都排着长龙呢。
好厉害！
欢迎光临
既兴奋又紧张
开门声
虽然2012年重新装修过，但还是保留了以前的风格。
最里面是收银台。
需要脱鞋上座的榻榻米。

请问要点什么吗？
麻烦来一碗荞麦面。
好的，一枚小笼屉荞麦面。
用『枚』的啊?!
这就是不着痕迹地教导客人的。
越是老字号，越能继承古老的荞麦面文化啊。
原来如此！
中川小姐也点了很多，首先上来的是——
天妇罗面 1300日元
在温润的热汤里，添加了内有小虾籽的炸蔬菜饼天妇罗。
啊，这是什么菜色?!
这是天妇罗荞麦面，但是没有放荞麦面，就是天妇罗面。
但是这样说来，应该是叫『去荞麦汤面』，但偏偏叫作『天妇罗汤面』，也太神奇了吧！
这是一次满足客人的三个愿望所研究出来的菜品啦！
想吃
荞麦面
但是
但也想吃
天妇罗
而且
还想把天妇罗浸
在高汤里享用
这个也想吃
那个也想吃
让你们久等了！这是你们点的荞麦面和烤海苔荞麦汤面。
烤海苔荞麦汤面
850日元
海苔好香哦！
这里会将烧过的海苔撒在荞麦面上。
荞麦面 700日元
还未入口，就闻到了荞麦浓浓的香味！！

*『薮』是东京其中一家老字号荞麦面。其他的还有『砂场』『更科』等系列老店。

*『神田薮荞麦』截至2014年2月仍在施工中。

这家店不到十分钟就满座了。
人多的时候，更能体现到店内服务员大婶们的专业的服务经验哦！
需要再来一个碗吗？
敏捷
谢谢惠顾！
利落
我可能这辈子都无法在这里工作呢。
让你们久等了！
小笼屉荞麦面 650日元
棱角分明的手打荞麦面！
哇！
这个蘸酱太好吃了！口感圆润顺口，实在是太赞了！
这是稍带辣味的鲣鱼带来的鲜味，很棒吧？这款蘸酱可是很有人气的哦！
吸溜
连吃法都显得好内行哦！
对了……
庄重
荞麦面果然还是要边吃边『吸』啊！
但是我一直学不会吸面的技巧……
那下次来挑战！
让你们久等了！
噔噔！
面好粗！
粗到一眼看上去还以为是乌冬！比单根筷子都粗！

*极粗手擀荞麦面需要提前预约。

这家店是老板由老宅改建而成的，店内装饰看起来新潮时髦，而且给人一种安心的感觉，真的很棒！☆
像咖啡吧台一样！
进入店内要先脱鞋。
这种店真少见啊！
虽然这里提供的『荞麦前』有好几种，但是开店以来几乎没有更换过，一直保留至今。
从这个细节也可以感受到老板几十年如一日的经营方针啊！
『荞麦前』？
Q"荞麦前"是什么？
在吃荞麦面前先享用的下酒菜或者其他小吃。
那么饭后点心是叫"荞麦后"吗？
并不是！
于是，我们很快就选好了别处少见的『荞麦前』。
波旁威士忌酒煮牛肉萝卜 630日元
青芥末
牛肉
白萝卜
炖得十分入味，波旁酒的风味也被带了出来。
浓浓的味道跟酒很搭哦！
虽然我不怎么会喝酒，但是超爱吃下酒菜。
跟酒很搭！
手工豆腐 320日元
自家研制的豆腐也是又滑又嫩。
推荐蘸盐的吃法！

接下来上场的就是荞麦面啦！
两种荞麦面
1160日元
第一种北海道产
放在倒扣着的小笼屉上的荞麦面。
*实际上不是一次上齐两份，而是分开上菜的。
第二种福井县产
吸……
终于成功学会吸荞麦面了哦！
学会吸了！
是哒!!
本来以为吸面的吃法只是熟识荞麦面的一个表现。
吸
因为连同空气一起吸入，所以更能明显地感受到荞麦的香气和美味哦！
香气
香气
接下来就是很重要的荞麦面滋味。
北海道产的第一种感觉是像女孩子般的温柔。
福井县产的第二种感觉是像男孩子般的鲜明爽朗。
但我个人我更喜欢第一种！
这家店会常备两种不同产地的美味荞麦面，有着这样的对照，也是考虑到顾客口味的不同哦！
哦！原来是这样
最后一间是在江古田的『Jiyusan』。
那里除了荞麦面很讲究之外，就连酒和其他菜品也很不错哦！
Jiyusan！
咔嗒
咯噔

*温馨小提示：这里的菜单每天都有不同哦！

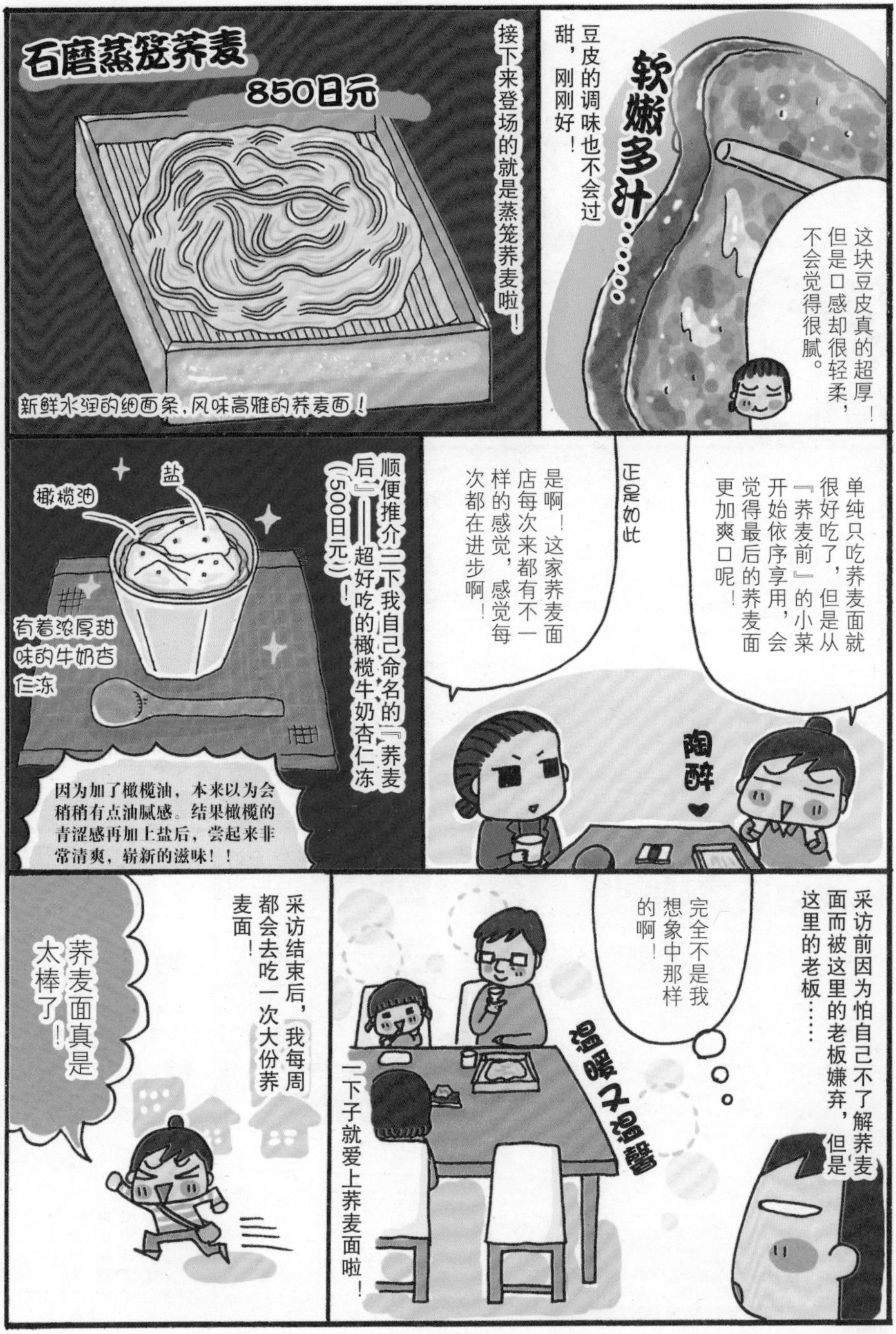
这块豆皮真的超厚！但是口感却很轻柔，不会觉得很腻。
软嫩多汁……
豆皮的调味也不会过甜，刚刚好！
石磨蒸笼荞麦
850日元
接下来登场的就是蒸笼荞麦啦！
新鲜水润的细面条，风味高雅的荞麦面！
单纯只吃荞麦面就很好吃了，但是从『荞麦前』的小菜开始依序享用，会觉得最后的荞麦面更加爽口呢！
正是如此
是啊！这家荞麦面店每次来都有不一样的感觉，感觉每次都在进步啊！
陶醉
顺便推介一下我自己命名的『荞麦后』——超好吃的橄榄牛奶杏仁冻（500日元）！
盐
橄榄油
有着浓厚甜味的牛奶杏仁冻
因为加了橄榄油，本来以为会稍稍有点油腻感。结果橄榄的青涩感再加上盐后，尝起来非常清爽，崭新的滋味！！
采访前因为怕自己不了解荞麦面而被这里的老板嫌弃，但是这里的老板……
完全不是我想象中那样的啊！
温暖又温馨
一下子就爱上荞麦面啦！
采访结束后，我每周都会去吃一次大份荞麦面！
荞麦面真是太棒了！

荞麦面汤

之前我一直都搞不清楚，

本来我也是不明白这样一口气喝完的道理，
经过这次调查之后我就明白了，
而且完全沉溺进荞麦汤的世界里了！

特别是“神田松屋”的荞麦面汤，
在吃完荞麦面后加入酱汁，超好喝！
喝得我肚子都凸出来了！

要了解江户的风味，要从荞麦面店开始！

从古至今，提到“地道传统美食”，首选便是荞麦面。
以薮、砂场、更科作为京东荞麦面派系分类的三大派系里面，
“并木薮荞麦”男女老少咸宜，是薮系的人气店。
“神田松屋总店”是以美食探索而闻名的作家池波正太郎喜爱的名店之一。
能从历史感与平民氛围并重的店内，感受到家庭般的亲切氛围，真的很棒。
在“眠庵”和“Jiyusan”，除了荞麦面还能享用到种类丰富的酒和“荞麦前”，
开启了荞麦的新时代，店里的装潢和餐具也十分有个性，值得细细品味。
透过各种尝试与体验，一起来寻找自己喜爱的那一家荞麦面店吧！

吃饱饱推荐店面

并木薮荞麦
东京台东区雷门 2-11-9
电话：03-3841-1340
营业时间：11：00-19：30
周四休息

眠庵
东京千代田区神田须田町 1-16-4
电话：03-3251-5300
营业时间：12：00-14：00（只有周二、周四、周六）
17：00-21：00
周日、节假日休息

神田松屋总店
东京千代田区神田须町 1-13
电话：03-3251-1556
营业时间：11：00-20：00
周六、节假日营业时间：
11：00-19：00
周日休息

Jiyusan
东京中野区江原町 3-1-4
电话：03-3951-3397
营业时间：11：30-14：30
17：00-20：30
周一休息（若周一是节假日，则周二休息）

浓缩的工匠技艺——质嫩爽口的鳗鱼

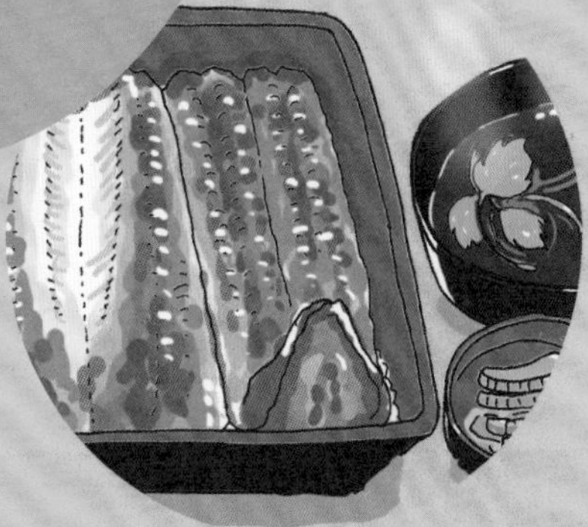

⑤鳗鱼 色川（浅草）

⑥野田岩 麻布饭仓总店（赤羽桥）

⑦味治（中野）

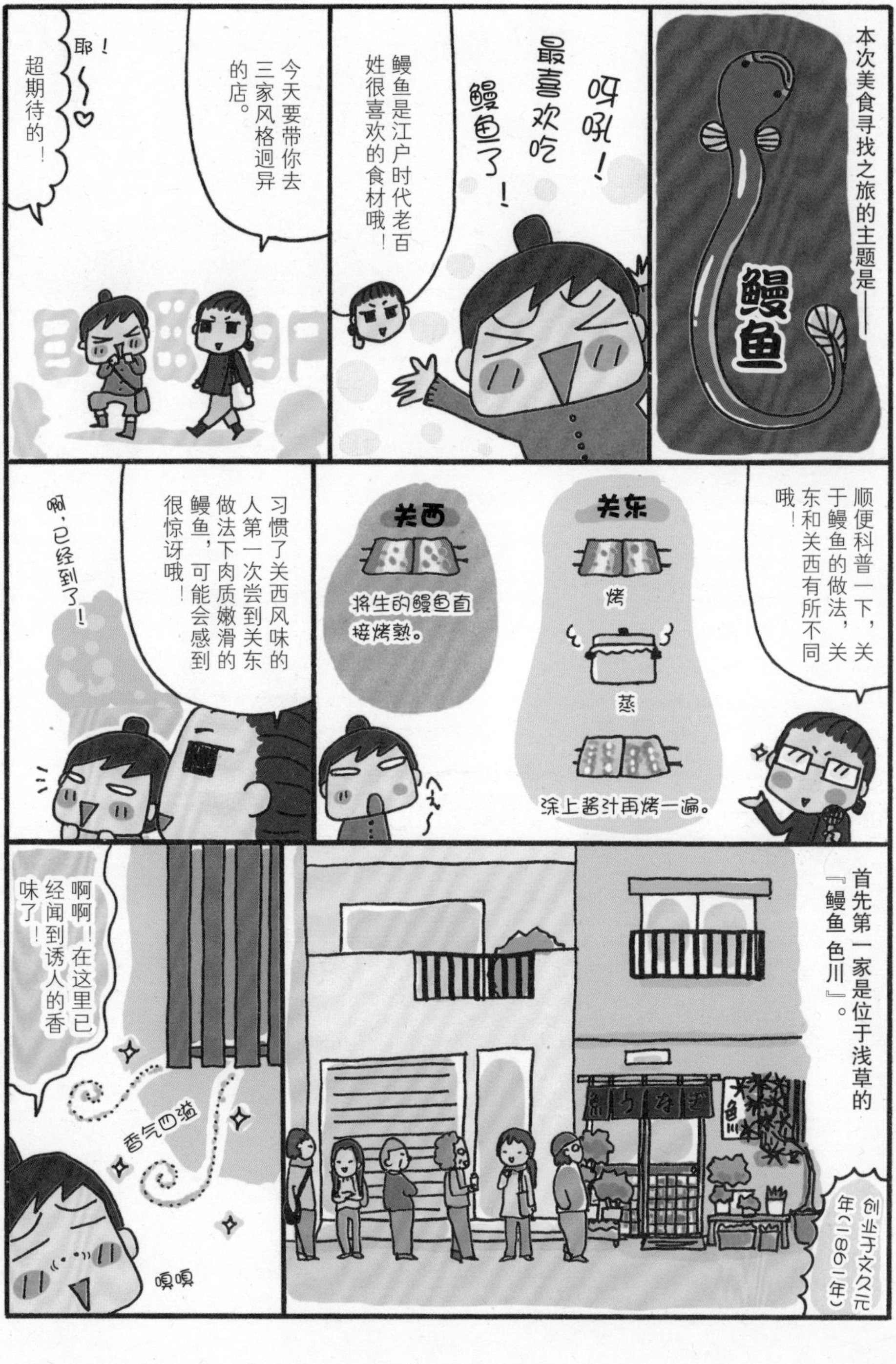
本次美食寻找之旅的主题是——
鳗鱼
呀吼！最喜欢吃鳗鱼了！
鳗鱼是江户时代老百姓很喜欢的食材哦！
今天要带你去三家风格迥异的店。
耶！~♡
超期待的！
顺便科普一下，关于鳗鱼的做法，关东和关西有所不同哦！
关东
烤
蒸
涂上酱汁再烤一遍。
关西
将生的鳗鱼直接烤熟。
习惯了关西风味的人第一次尝到关东做法下肉质嫩滑的鳗鱼，可能会感到很惊讶哦！
啊，已经到了！
首先第一家是位于浅草的『鳗鱼 色川』。
创业于文久元年（1861年）
啊啊！在这里已经闻到诱人的香味了！
香气四溢
嗅嗅

这家店的老板在浅草土生土长，已经是第六代传人了。
而且老板还把抬神轿当成自己一辈子的神圣使命呢！
吧台最靠边的位置是特等席哦，可以看见老板做鳗鱼的整个过程！
啪啪啪啪……
嘣
啪啪啪啪……
嘣
那是这间店老板的特色哦！（咚咚咚……）
发出『嘣』的一声。
接下来就是万众期待的鳗鱼登场啦！
干烤鳗鱼 2500日元
微微烤焦的不加任何调味料的鳗鱼，蘸点芥末或者酱油吃风味更佳哦！
第一次吃干烤鳗鱼！
成熟大人的口味——！
豆子小姐也是大人了哟！
啊，嗯！

*价格可能会有变动。

鳗鱼盒饭(大) 3500日元
接下来上场的是鳗鱼盒饭！
鳗鱼分量十足！要翻叠在一起才能装进盒，看到这么多布满油脂的鳗鱼排列在饭盒里，就觉得美味无比！！
腌菜是奈良腌菜，好开心！
因为没有蘸任何酱料，所以能充分品尝出鳗鱼原本的鲜味！
鳗鱼油脂的鲜美感在口腔里面迅速扩散开了！
感动……
用筷子夹起松软无比的鳗鱼，嫩滑得好像要掉下来一样！
软绵绵……
浓浓的鳗鱼味，加上鲜甜的调味酱以及口感偏硬的米饭，每一样都搭配得恰到好处，妙极了！
太好吃啦！
你知道吗？鳗鱼的躯干部分跟尾巴部分的味道是不一样的哦！
欸？是这样的吗？
尝试了一下……
真的不一样！尾巴的部分味道更浓！
那是因为鳗鱼的尾巴运动量更大呀！
活蹦跳
活蹦跳
由地道的江户人老板，亲手烧烤的江户风味鳗鱼。
所谓的神矫呢……
味道自不用说，连店内那江户风情的复古氛围都是这么迷人！
陶醉♡

接下来要去的是『野田岩』，在法国当地也非常有名哦，而且在巴黎已经开设了分店。
好期待！
现在的老板是第五代传人了。他提倡吃鳗鱼的时候要搭配红酒的吃法。
所以店内也提供种类丰富的红酒哦！
红酒！
麻布饭仓『野田岩』。
到了！
闪亮亮！
*一楼是卡座。
真是既古典又奢华的店啊！
和式包间里搭配有西式的椅子！
待会儿要登场的鳗鱼料理也很美味哦！
真的好漂亮哦！♡
*三楼是包间。
首先我们点的是这道料理。
鳗鱼鱼冻
630日元
就像琥珀色的果冻
散布着鳗鱼肉
闪闪发亮的美丽光泽！

鳗鱼肉的美味和鳗鱼冻的甜味，在嘴里瞬间化开！
我太幸福了！♡
鳗鱼盒饭
《金黄色》
4200日元
当然鳗鱼是排列得十分整齐美观……
白萝卜泥
腌菜
一点都没有烤焦，色泽金黄的鳗鱼
鳗鱼肝汤
一打开盖子，香气就扑鼻而来！
香喷喷！
还真是啊！
心跳加速
赶紧尝了一下……
化……开了！
虽然这里的鳗鱼看上去很厚实，但尝起来却非常松软，入口即化的感觉！
虽然酱汁不是很醇厚，但是出来的味道却很到位，甜中带咸，
余味无穷，一点儿也不腻！
鳗鱼肝汤也很考究，喝起来相当美味！
娇小可爱的鳗鱼肝
绿油油的鸭儿芹

*2013年12月前往取材落空，已于2014年1月重新前去采访。

门口还张贴着《美食大挑战》里关于这家店的介绍与报道内容呢!

请参考《美食大挑战》80期!

味治和川二郎的关系图 ☆

在「川二郎」负责烤鳗鱼的大厨。

和妻子、女儿重新开了一家「味治」。

把「川二郎」交给了儿子……

加油啊!!

儿子

首先我们点了烤串套餐!

烤鳗鱼头

鱼身的部位

靠近鱼头的部位

方形烤串

八幡烤串

将鳗鱼肉和牛蒡一起烤

鳗鱼肝烤串

内脏

烤串套餐

1200日元

鱼头的口感很香脆,表面烤得焦香酥脆,里面却充满着非常浓郁的鳗鱼香味!

方形烤串的鳗鱼肉结实又有油脂,简直是浓缩了整条鳗鱼的美味!

太赞啦!

八幡烤串却又是另一番风味哦!牛蒡的香味跟鳗鱼也非常常搭哦!

就是这个!

这个鳗鱼肝一点儿都不腥!味道醇厚中带点苦涩,但这种苦味却起到了提味的作用!丰富又成熟,是成熟大人的滋味啊!

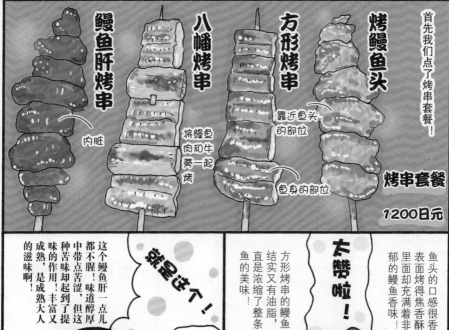

鳗鱼肉做得很肥美，很有嚼劲呢！
这是不经过蒸煮，直接从生鱼肉烤熟的美味哦！
肥美！
从生的鱼肉直接烤熟，其实很难的哦！
不论是切鱼的方法还是火候的控制都很需要高超的技巧哦！
这样啊！
接下来是『川二郎』特有的招牌菜！
鳗鱼鳍烤串
300日元
韭菜
这是由6尾鳗鱼的鱼鳍一圈圈包裹住韭菜！
本来这是『川二郎』才有的菜色，这次是因为店在装修，所以特别让我们在这边享用。
黏糊浓稠的口感！在口中好像一下子就化开了一样！从未有过的味觉体验！
没想到韭菜和鳗鱼居然出乎意料地合拍呢！真的好吃得停不下来啊！
最后当然要试试蒲烧鳗鱼啦。
要吃鳗鱼盒饭还是鳗鱼盖浇饭呢？
这两者究竟有什么不同呀？
盛饭的器皿吗？
两者不同的地方只是鳗鱼的大小。
不过我们店里的鳗鱼盒饭，使用的是鳗鱼的这两个部分！
这里！
而鳗鱼盖浇饭则使用的是中间的部分，也正是因为这样，鳗鱼盖浇饭的鳗鱼的油脂会更多一点！
那我要一份鳗鱼盖浇饭！
我也是！

接着实际品尝这个滋味……
绝妙的……
味觉享受！
感觉都要上天了……
米黄色的酱汁像糖衣一样非常有光泽！
鱼肉弹性好到两端都翘起来了！
鱼肉也非常厚实！
鳗鱼盖浇饭
1350日元
店里的工作人员全都面带笑容，非常亲切温暖！
老板的女儿
老板娘
鱼肉表面酥脆焦香，内里很松软！
鳗鱼皮烤过后很有弹力，非常紧实，有一种绝妙的口感……
太完美了！
第一家店擅长烹调浓缩了江户前鳗鱼精髓的料理，
第二家让人能在优雅的环境里享受精心制作而成的鳗鱼。
第三家店充满了人情味，鳗鱼的每一个部分都物尽其用。
今天吃到了各式各样不同的鳗鱼，真的是幸福的一天呢！
就连第二天工作也变得元气满满！
万岁！全身都是鳗鱼的能量！

味治

跟妈妈谈起了“吃饱饱美食”的采访过程时……

那个真的超级好吃的！
我也要，快带我去吃！

后来，妈妈真的去了我说的那三家店，把它们都吃了一遍！

其中，她特别喜欢“味治*”，
现在已经成了每月去光顾两次的常客了！（笑）

感觉吃完之后整个人都有能量了！
又便宜又好吃！
鳗鱼盖浇饭
鳗鱼肝两串

* 味治：位于东京中野区的一家鳗鱼专门店。

酱汁的香味——白饭的最佳伴侣

虽然通常人们会觉得鳗鱼很高级，但其实在以前的江户时代，
串烧鳗鱼（将鳗鱼切成香蒲花一样的小块状串起来）则是很平民化的小吃。
这种形式被很多人认为是“蒲烧鳗鱼”这一食物名称的起源。
此外，关东关西的鳗鱼不同的做法，也是鳗鱼料理的一大特色，
一般来说，关东是切开鱼背后先蒸再烤，关西是切开鱼肚直接去烤，不用蒸。
鳗鱼料理界里经常流传这样一句话——
“把鳗鱼串到竹签上要练 3 年，切鳗鱼要练 8 年，烤鳗鱼则要练一辈子。”
但我想，鳗鱼最大的魅力，
不正是在于那与肥美油脂完美搭配的酱汁，所散发出来的迷人香气吗？
一边写着这段文字，一边回想起那些鳗鱼的滋味，
顿时觉得酱汁配白饭，我也能吃下一大碗呢！

吃饱饱推荐店面

鳗鱼 色川

东京台东区雷门 2-6-11
电话：03-3844-1187 * 不接受预约
营业时间：11：30-13：30
17：00- 直到售罄为止
周日、节假日休息（还有其他不定时休息）

野田岩 麻布饭仓总店

东京都港区东麻布 1-5-4
电话：03-3583-7852
营业时间：11：00-13：30
17：00-20：00
周日休息（7、8 月的丑日也休息）

味治

东京中野区中野 5-57-10
电话：03-6677-1990
营业时间：12：00-14：00
17：00-21：00
周日休息

男女老少都爱——老字号的西餐厅

⑧炼瓦亭（银座）
⑨Yoshikami（浅草）
⑩Pon 多本家（上野）

今天我们要吃西餐噢！
好期待啊！
在东京，有很多西餐店都有菜色创始的小插曲，也有很多历史悠久的店哦。
原来是这样啊。
第一家是位于银座的『炼瓦亭』。
Rengatei
（炼瓦亭）
炼瓦亭
感觉是家历史很悠久的店啊！
这家店创业于明治28年（1895年）。
我们点了去到西餐店必点的蛋包饭。
让你们久等了！！
哇哦！
我最喜欢蛋包饭了！
啊？怎么有点奇怪！
窃笑
元祖蛋包饭
1400日元
这是什么啊？！
看得见一颗颗的饭粒形状。

说到蛋包饭——
全包派
OR
放在饭上切开派
滑润
但是这里的蛋包饭采取的是——
想象图
把鸡蛋和饭在一起搅拌后……
煎炒
……这种做法！
还有这种做法的蛋包饭啊！
没看过这种的！
在东京的蛋包饭起源传说中，这家店是非常有实力的一家，最有可能是蛋包饭的创始者哦！
原本好像只是店里员工的伙食。
说到味道……
全新的蛋包饭！
吃饭的时候不要说话。
看上去蛋液会比较熟，但里面却意外的软滑浓稠！
是种温和醇厚能让人放松心情的美味！
洋葱
青豆仁
肉馅
蘑菇
好好吃哦！
热乎乎……
顺便介绍一下，据说炸猪排和卷心菜丝的搭配，也是这家店始创的哦！
这个也非常有人气！
炸猪排
1400日元
因为事先已经调好味道了，所以不蘸酱也非常好吃！
菜单里面的菜色种类很多，呈现的方式也很复古，让气氛更加充满怀旧风情！
SALAD
芹菜沙拉……
莴苣沙拉……
RICE&ER
元祖蛋包饭……
虾子饭……
蟹肉饭……
火腿饭……
什么是火腿饭？！

为了知道什么是火腿饭，于是我们亲自点了一份！
火腿饭 1300日元
火腿丁
蘑菇
青豆仁
洋葱
一整片火腿放在饭面上！
味道如何？
你要试一下吗？
有『妈妈的炒饭』那种温馨的味道！
温暖感动
炼瓦亭的顾客群：
有家族聚餐，来吃午饭的上班族，白领一族，还有上了年纪的客人。
吃着牛肉盖浇饭
正在享用炸猪排
正在点蛋包饭
还蛮多单独一个人来用餐的客人呢！
即使是上了年纪的客人，也有很多人点了炸猪排啊！
大概是都抱着『既然来到这里了，肯定要吃炸猪排』的想法吧！
很多客人都很享受在这里的就餐时光，连我们也感受到了温馨幸福的气氛了。
下一家就是浅草的『Yoshikami』了。
嗒
不好意思！
我来晚了！
赶来和我们会合的加藤先生。
来的时候迷路了，问了人才找到这里的，好在这边的人对这家店都很熟悉啊！
啊，你说『Yoshikami』啊！
Yoshikami啊！
没错，『Yoshikami』在浅草是一家家喻户晓的名店！

很居家氛围的西餐店呢！
ヨシカミ
招牌：抱歉！好吃得过头了！Yoshikami
店门前还有这样的告示！好周到！
如果店内满座，需要等候的话，请报上姓名以及用餐人数哦！
——马上进去店内。
好贴心！
欢迎光临！
衣服可以放这边哦！
可爱又细心的工作人员。
可以看到料理制作的过程，这也是吸引人的地方呢！
真是令人期待呢！
欢迎光临！
说到『Yoshikami』时，
就会立即让人想起他们这句非常知名的广告词及商标。
"抱歉！好吃得过头了！"
标语和商标在店内随处可见！
餐巾纸
抱歉！好吃得过了头了！
水杯
碟子
*手抓部
筷子袋
YOSHIKAMI
*店名
咖啡杯
连椅子都有！
做得很彻底呢！

请问这个图案是店主自己设计的吗？
是那个人设计的……
并不是老板，听说是客人设计的。
客人?!
既不是老板，也不是设计师完成的！
YOSHIKAMI
标语和商标诞生历史的故事☆
上一任老板在刚开始经营这家店的时候，和客人商量这家店的标语。
上一任老板(?)
抱歉！好吃得过头了！
想象图
这里面哪句比较好呢？
第三个不错呢！
商标用这个图案如何？
不错！
好像就是在类似的情况下决定的哟！
我们点了店里的推荐菜品。
牛肉盖浇饭
1250日元
汤汁里加入了很多牛肉、洋葱、竹笋、蘑菇等。
清炖牛肉
2350日元
有很多块煮得烂熟软嫩的牛肉，还搭配炸薯条、四季豆和胡萝卜。
汉堡牛排
1250日元
在松厚的汉堡牛排旁边搭配土豆沙拉和卷心菜。
YOSHIKAMI

最有人气的牛肉盖浇饭，没有一点儿酸味，能品尝到满满的温润美味！
很有格调的一道菜品！竹笋的口感简直是画龙点睛！
汉堡牛排还会爆浆，肉汁很丰富！
多汁！
一刀切下，满满的肉汁就会流出来！
清炖牛肉的肉质出人意料的松软！
用叉子轻轻一压，牛肉就会整个散开！
顺便介绍一下，『Yoshikami』的炸猪排三明治也是很有名的哦！
伴手礼的好选择！
我知道！猪排还很厚实！
炸猪排三明治 1100日元
你们知道这个三明治有一个广告词吗？
还有这样的东西？
难道是『这么厚，真的很抱歉！』之类的？
可惜！差一点！
正确答案是『安全进家门的通行证』！
伴手礼 首选！
安全进家门的通行证
炸猪排
三明治 1100日元
根本就差很多嘛！
因此我也买了这样的炸猪排三明治回家试试看……
我回来了——
我带了好吃的回来哦——
什么！
炸猪排三明治？
*请妈妈帮我照看小孩。
这个真是超级无敌好吃的！
真的是『安全进家门的通行证』啊！
需要外出采访的话，尽管出门，没关系哦！

最后一家是位于上野的『Pon多本家』，创业于明治38年（1905年），是绝妙炸物的名店！
啊？
这家店的外观风格和之前的西餐店完全不一样呢！
感觉很内敛又很沉重吧！乍看之下，会觉得气势惊人！
招牌：Pon多本家
感觉这里的客人都穿得很正式啊！
这家店在西餐店中算是比较高级的，店里的氛围会让人自然而然地就注重自己的衣着打扮。
穿着连帽外套的两个人……
……
不好意思啊，穿得这么随便……
虽然这里的炸猪排很有名，但我最推荐的是……
先不说这个。
炸小柱！
HA SHI RA
是柱子吗？
是像晴空塔一样竖直的整支炸竹笋吗？
挺直
好想膜拜它的真容！第一次吃的时候好吃到很震撼啊！
想膜拜？
难道撕开外皮，会出现佛祖之类的吗？
长这样？
啊，菜来了！

酥炸青柳贝柱
赶紧尝了一下……
时价（当时6个4200日元）
不是柱子形状啊！
让你们久等了，这就是炸小柱！
咔咚！
高级食材
青柳贝的贝柱
满到快要掉出来了！
塞满了整个面衣的炸物！
原来是贝柱！
天哪这是什么！外皮好薄脆！
而且这个鲜贝肉是半熟的？
好吃得让人快要昏过去了！
是吧是吧！
超兴奋！
好吃！
美味的秘密①
轻薄的外皮！
口感不只是“酥脆”“酥松”，而是“咔滋咔滋”的爽脆！！
美味的秘密②
绝妙的火候！
中间部分烤成半熟状态！！
吃不出用什么材料黏着贝类食材，但是能将那么多鲜贝肉炸成一整块，足见店家技艺超群！
因为鲜贝肉很珍贵，所以价格稍高。但是这道炸小柱真的非常值得一试！
确实好吃到让人想下跪膜拜。
太好吃了！

*有时会出现缺货情况，最好能提前电话预约确认一下。

炸猪排 2625日元
炸乌贼 2625日元
噔愣！
其他的炸物也很好吃！
也被俗称为"白色猪排"，属于几乎没有什么油脂的清爽派，肉质非常软！
用门牙轻轻一咬就开！这个里面也是非常嫩滑的半熟状态！
无论是哪一个，都很好吃哦！
炸物、白饭、啤酒。
这三个的搭配真是太棒啦！
不是很奇怪的搭配吗……
为了今天这顿饭，昨天没有喝啤酒，没有去澡堂，甚至连水也没有喝！还好这个牺牲是很值得的啊！
好幸福……
第三杯
不过呢……
因为不油腻，所以没有吃了炸物后那种有负担的感觉呢！
反而就像吃了蔬菜似的清爽。
也没有到达那种程度吧……
呀，不过真的没有吃得很胀的感觉！
虽然是原本就非常熟悉的西餐菜色，但每一道都有让人耳目一新的感觉！
啊，真的太好吃了！
经历了一段奢侈的美食之旅，大满足！

温情四溢的"炼瓦亭"

在店门口处放着一个小小的展示架，
里面陈设了晴天娃娃，
据说是店主孙子做的小玩具。

纸鹤

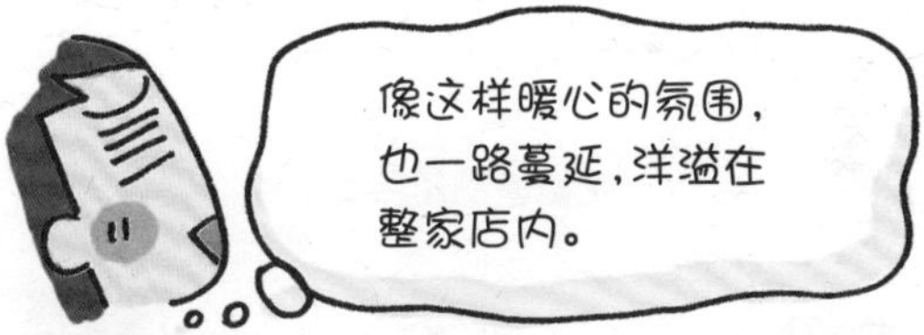
像这样暖心的氛围，
也一路蔓延，洋溢在
整家店内。

心里暖洋洋的。

西餐店，是集合了多种美味的大汇演！

日本的西餐是由以前传到日本的西洋料理（主要是法国料理、英国料理）改良而成的，菜色也采用了容易在当地采购的材料来完成。因此，无论是哪个菜品的味道，都是老少咸宜，让人感觉很亲切。尤其是本次介绍的三家店，每一间都一直坚守着自家独特的风味，踏实地做好每一道基本的菜品，并传承下去。除了上面介绍的菜品之外，我们还吃了“炼瓦亭”的炸虾，以及在“Yoshikami”享用了大份牛排，也品尝了“Pon 多本家”的清炖牛肉，真的是让人眼花缭乱、目不暇接的美食啊！

吃饱饱推荐店面

炼瓦亭

东京中央区银座 3-5-16
电话：03-3561-7258
营业时间：11：15-15：00（点餐时间截至 14：15）
16：40-21：00（点餐时间截至 20：30）
周六至 20：45（点餐时间截至 20：00）
周日休息

Pon 多本家

东京台东区浅草 1-41-4
电话：03-3841-1802
营业时间：11：45-22：30（点菜时间截至 22：00）
周四休息（节假日照常营业）

Yoshikami

东京台东区上野 3-23-3
电话：03-3831-2351
营业时间：11：00-14：00
16：30-20：00
周一休息（如果周一是节假日，则周二休息）

精选四家——极具东京风味的拉面店

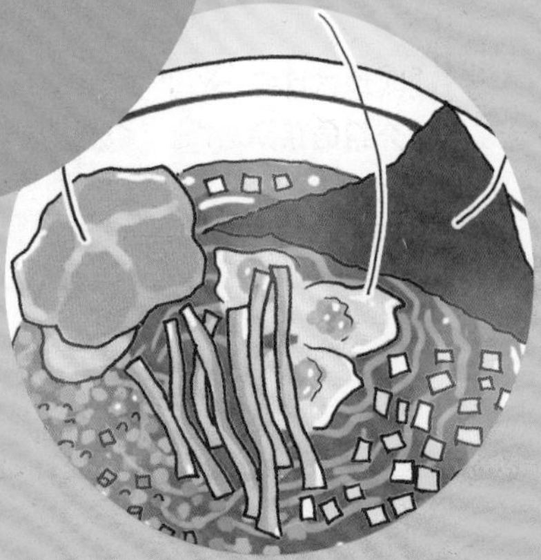

⑪ **十番**（东中野）

⑫ **一力**（日暮里）

⑬ **三角**（目白）

⑭ **弁天**（高田马场）

这次我们要吃的美食是——
拉面！
我找了一位神一样的队友来助阵哦！
你好！
队友？
拉面爱好者中无人不知的
大众料理研究家小野员裕先生。
我来给你们介绍的都是只有东京才能吃到的店哦！
锵！
感觉真的很可靠呢！
好期待！
小野先生领队的东京拉面之旅开始啦！
第一家是位于东中野的『十番』。
十番
啊，这个是我写的报道哦！
招牌：十番
刚刚开店就已经满座了。
欢迎光临！
我在这里的推荐菜品是『汤煎饺』！
『汤煎饺』？
是蔬菜汤面和煎饺的搭配餐就叫『汤煎饺』哦！
？
『汤煎饺』似乎在东京拉面文化中是很常见的叫法。

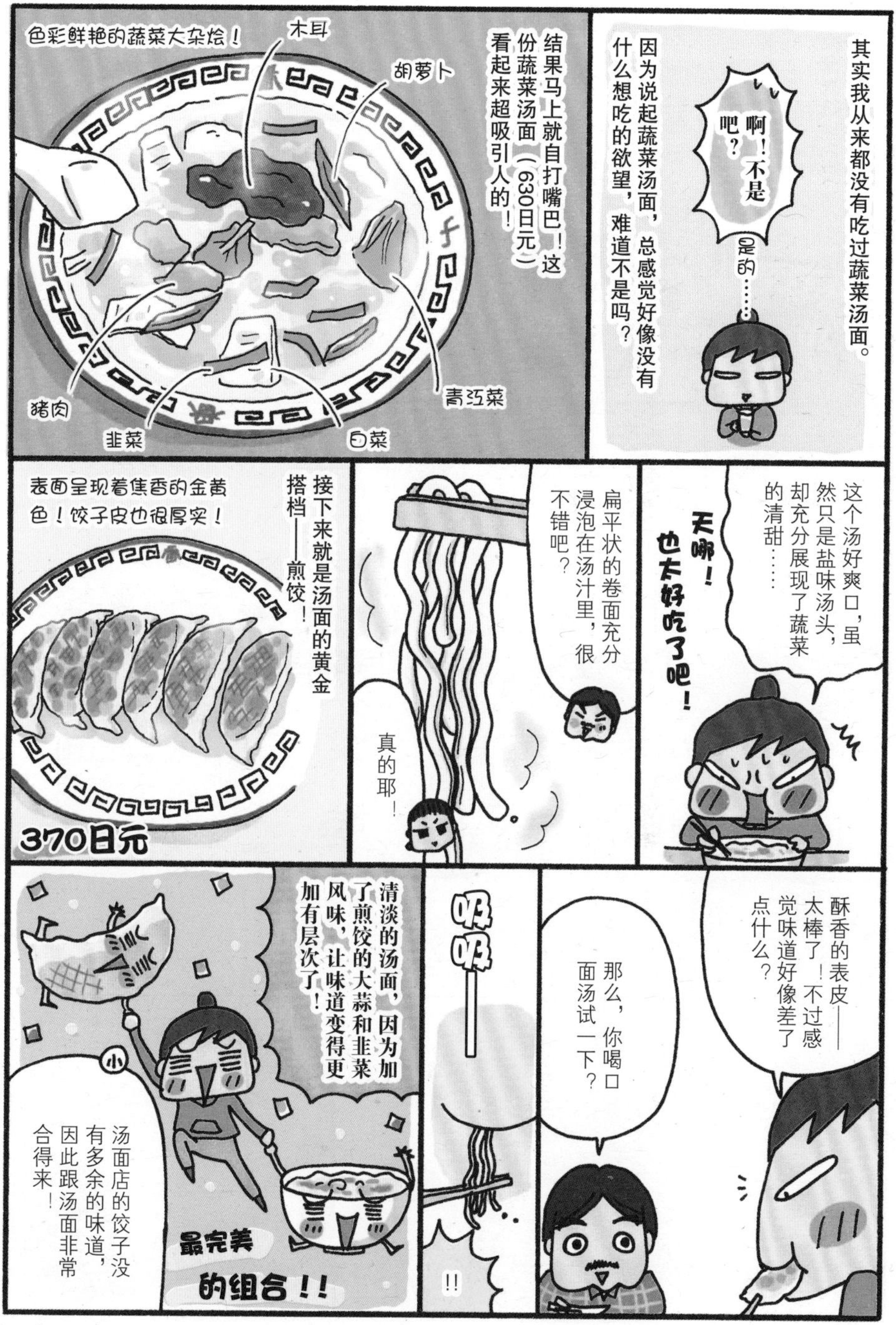
其实我从来都没有吃过蔬菜汤面。
啊！不是吧？
是的……
因为说起蔬菜汤面，总感觉好像没有什么想吃的欲望，难道不是吗？
结果马上就自打嘴巴！这份蔬菜汤面（630日元）看起来超吸引人的！
色彩鲜艳的蔬菜大杂烩！
木耳
胡萝卜
猪肉
韭菜
白菜
青江菜
这个汤好爽口，虽然只是盐味汤头，却充分展现了蔬菜的清甜……
天哪！也太好吃了吧！
扁平状的卷面充分浸泡在汤汁里，很不错吧？
真的耶！
接下来就是汤面的黄金搭档——煎饺！
表面呈现着焦香的金黄色！饺子皮也很厚实！
370日元
酥香的表皮——太棒了！不过感觉味道好像差了点什么？
那么，你喝口面汤试一下？
吸吸
!!
清淡的汤面，因为加了煎饺的大蒜和韭菜风味，让味道变得更加有层次了！
小
最完美的组合！！
汤面店的饺子没有多余的味道，因此跟汤面非常合得来！

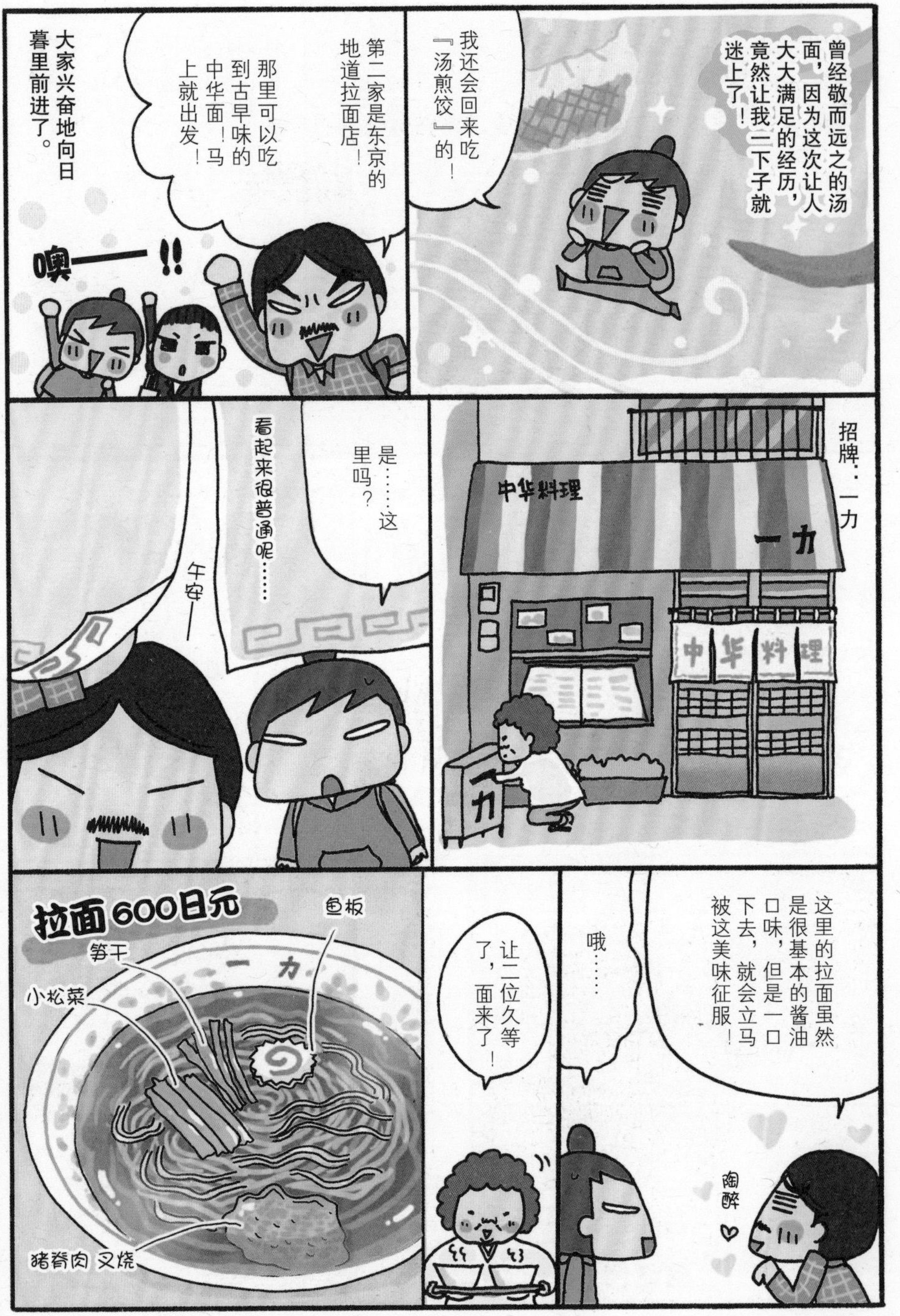
曾经敬而远之的汤面，因为这次让人大大满足的经历，竟然让我一下子就迷上了！
我还会回来吃『汤煎饺』的！
第二家是东京的地道拉面店！
那里可以吃到古早味的中华面！马上就出发！
噢——!!
大家兴奋地向日暮里前进了。
招牌：一力
中华料理
一力
中华料理
一力
是……这里吗？
看起来很普通呢……
午安——
这里的拉面虽然是很基本的酱油口味，但是一口下去，就会立马被这美味征服！
陶醉
哦……
让二位久等了，面来了！
拉面600日元
鱼板
笋干
小松菜
一力
猪脊肉 叉烧

汤头用的是酱油汤汁、直细面、笋干、鱼板以及小松菜（有的店会用菠菜），不愧是标准的东京拉面特有的配料方式。
看起来好好吃的样子！
赶紧来一口……
吸吸——
嗯——
怦然心动
很醇厚的味道！
对吧？明明只是用大骨*和鸡骨头一起熬煮而已，味道却很惊人！
大口灌
细面滑溜顺口，口感很不错，很好吃！
已经创业三十五年的『一力』。
一想到这么长的时间以来，老板和老板娘两个人一直坚持着这不变的美味，就觉得非常感动。
我们还会再来的哦！
第三家是目白站附近的，位于住宅街的『三角』。
哇！日式饭馆的感觉！

*猪的大腿骨。

店内一派复古风，摆设着很多精致的杂货和家具！
调味料瓶
冰箱
烧柴火炉
我也好想要哦！
这里的拉面风味，是在早期正统派酱油拉面味道的基础上，加入现代潮流的味道改良而成的，更上一层楼！
尤其是这里的馄饨面，特别赞！
眼睛发光……
这里很多女性客人呢！
因为店里的氛围很安稳沉静，让人感觉很安心吧！
谢谢您！
这家店以前是在新宿的回忆胡同里，后来那一带不幸发生了火灾就搬到这里来了。
『三角』的历史故事☆
就是因为那场火灾，当时的老板（现任老板的父亲）的身体变差了。
于是店铺就休业了。
休业中
但是在火灾现场的遗迹中，有许多熟客的留言相继出现……
加油！一定要重新开张啊！！我们在等你！
因此现在的老板决定重新振作起来！
让我来做吧！
ぐっ
握拳
从那时起，为了将味道更加美味到极致，便一直奋斗至今。
真是让人感动的故事啊！

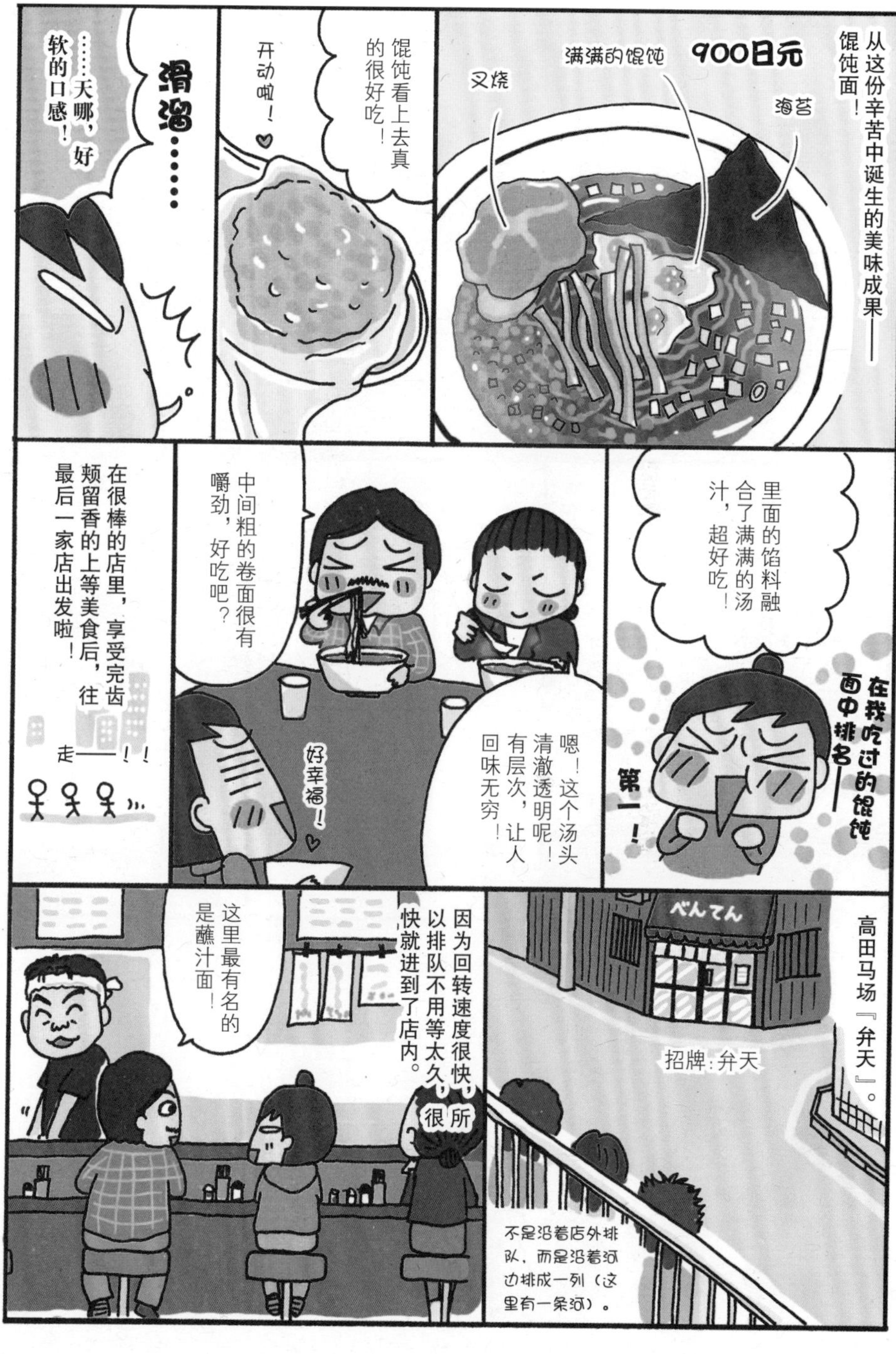
从这份辛苦中诞生的美味成果——馄饨面！
900日元
满满的馄饨
叉烧
海苔
馄饨看上去真的很好吃！
开动啦！♥
滑溜……
……天哪，好软的口感！
里面的馅料融合了满满的汤汁，超好吃！
在我吃过的馄饨面中排名——
第一！
中间粗的卷面很有嚼劲，好吃吧？
嗯！这个汤头清澈透明呢！有层次，让人回味无穷！
好幸福！♥
在很棒的店里，享受完齿颊留香的上等美食后，往最后一家店出发啦！
走——！！
高田马场『弁天』。
べんてん
招牌：弁天
不是沿着店外排队，而是沿着河边排成一列（这里有一条河）。
因为回转速度很快，所以排队不用等太久，很快就进到了店内。
这里最有名的是蘸汁面！

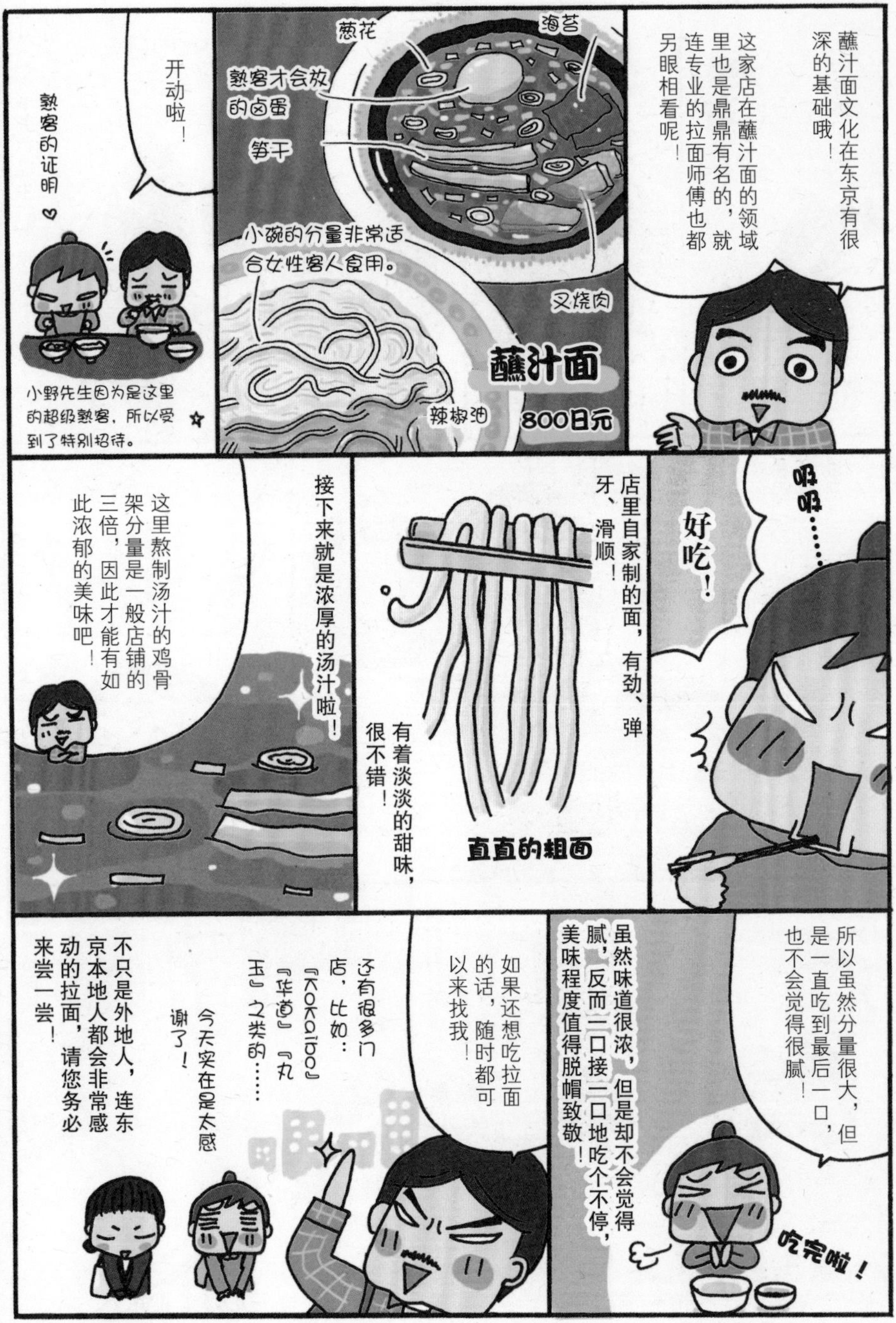

蘸汁面文化在东京有很深的基础哦！
这家店在蘸汁面的领域里也是鼎鼎有名的，就连专业的拉面师傅也都另眼相看呢！
葱花
海苔
熟客才会放的卤蛋
笋干
小碗的分量非常适合女性客人食用。
叉烧肉
蘸汁面
辣椒油
800日元
开动啦！
熟客的证明♡
小野先生因为是这里的超级熟客，所以受到了特别招待。
呣呣……
好吃！
店里自家制的面，有劲、弹牙、滑顺！
有着淡淡的甜味，很不错！
直直的粗面
接下来就是浓厚的汤汁啦！
这里熬制汤汁的鸡骨架分量是一般店铺的三倍，因此才能有如此浓郁的美味吧！
所以虽然分量很大，但是一直吃到最后一口，也不会觉得很腻！
吃完啦！
虽然味道很浓，但是却不会觉得腻，反而二口接二口地吃个不停，美味程度值得脱帽致敬！
如果还想吃拉面的话，随时都可以来找我！
还有很多门店，比如：『Kokaibo』『华道』『丸玉』之类的……
今天实在是太感谢了！
不只是外地人，连东京本地人都会非常感动的拉面，请您务必来尝一尝！

“弁天”的另外一个诚意推荐！

虽然在本篇中并没有写到，但是这个菜品小野先生可是非常推荐的哦！

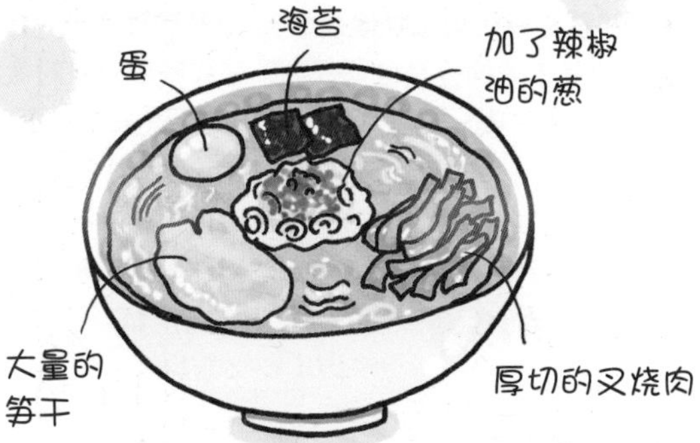

盐味拉面 850日元

虽然是盐味拉面，但味道绝对不单调！
尝起来绝对会让你惊喜的浓郁拉面！
盐味拉面！☆

遇到值得排队等待的美味拉面

在拉面的激战地——东京，各种味道的拉面变奏曲是其最大的亮点。
在这其中，甚至会有让人惊叹地说："这也是拉面吗？"的新奇拉面，
但是让人欲罢不能的还是像"一力"那样简简单单的酱油拉面，
或者是"三角"那样怀旧却也兼具新意的馄饨面吧。
无论你是否喜欢拉面，创造了"汤煎饺"的蔬菜汤面名店"十番"和蘸汁面大本营的"弁天"，都非常值得一去噢！
虽然经常需要排长队，但是当你吃到那里的美味拉面之后，
你会觉得一切都是值得等待的哦！

吃饱饱推荐店面

十番

东京中野区东中野 3-7-26
电话：03-3371-0010
营业时间：11：30-14：30（点餐时间截至 14：20）
17：00-21：15（最后点餐时间）
（营业时间截至售罄为止）
周三、每月第二、第四个周四休息

三角

东京丰岛区目白 3-2-14
电话非公开
营业时间：周一至周六：11：30-15：00（点餐时间截至 14：30）
周五、周六 17：30-20：30
周日、节假日休息
* 本店婉拒儿童
* 每人需消费一份面食

一力

东京台东区谷中 7-18-13
电话：03-3821-2344
营业时间：12：00-14：00
17：00-19：00
周一休息

弁天

东京丰岛区高田 3-10-21
电话非公开
营业时间：11：00-19：00
周六、节假日 11：00-16：00
周日休息

咖喱大激战——东京最不能错过的四家店

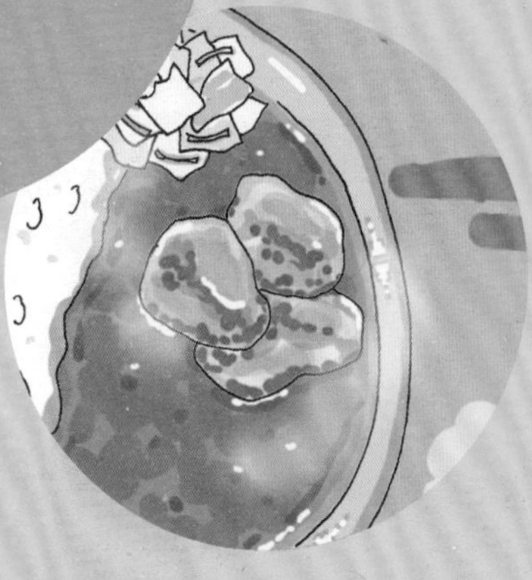

⑮德里银座店（银座）

⑯The KARI（新桥）

⑰Sakaeya（御徒町）

⑱青蛙食堂（要町）

曾任《横滨咖喱博物馆》目前已经停业的首任名誉馆长小野先生说……
东京是咖喱的圣地！
砰！
咖喱党主席
咖喱的美味程度是
全国第一！
在竞争如此激烈的东京，我们就来介绍一下小野先生力荐的东京咖喱名店！
走！
首先第一家是银座的『德里』。
在这栋大厦的三楼。
这里的招牌菜是印度咖喱。
全国各地有很多咖喱店都受这家店的影响！
好像连家庭餐馆的咖喱祭活动，都曾模仿过这里的咖喱风味。
想必真的很好吃吧！
其实好吃是没错啦……
啊？
事实上真正的印度咖喱……
非常辣！
我第一次吃的时候因为太辣，根本吃不出任何味道。
但我却是一吃上瘾，立刻被俘虏了！
这咖喱这么恐怖呀……

豆子小姐要吃印度咖喱吧！
说得轻松
要来真的吗？
让你们久等了！
印度咖喱 950日元
土豆
清爽的汤汁
鸡肉
我……我开动了……
吃一口
本来觉得应该会很辣——
咦？
……这个，好好吃哦！
辣味确实非常浓！
也有点像中药香料的味道，但是不知为何，一吃就上瘾了！
停不下来的
无敌美味！
印度咖喱是将洋葱彻底炒熟直至变成褐色，再加上数十种香料一起熬制而成的哦！
所以除了香辣味之外，还有甜味，给人一种妙不可言的味觉体验。
结账时还多买了几包在柜台上贩卖出售的即食咖喱包。
我要买这个。
好的。
我也一试成瘾，完全拜倒在印度咖喱的石榴裙下了！
真是个不怕辣的人呢！

第二家是位于新桥的『The KARI』，我和小野先生两个人一起去的。
老板→
老板娘↓
因为午饭时间客人会爆满，所以在吧台后面排队已经成为这里不成文的规矩。
排长龙
这里的推荐菜式是牛肉和鸡肉咖喱，你吃辣没问题，我们就来一份牛肉吧！
好的！
可以选醋渍卷心菜或者煎土豆作为配菜。
我要鸡肉咖喱配卷心菜。
那……我要牛肉咖喱配土豆！
噔噔！
鸡肉咖喱
780日元
大块的鸡肉吃起来咯咯作响！
因为辣味不算太浓，所以很适合初次吃咖喱的人哦！
噔噔！
牛肉咖喱
890日元
清爽不黏稠的咖喱汤汁中，有好多牛肉！
超辣！
看起来好好吃的样子！
我开动啦！
……
……
好辣！
呜哇！
跟刚刚的印度咖喱完全不在一个级别！这是让人直冒汗的辛辣！

辛辣过后的是……
香辛料的
协奏曲
赞！
繁复中令人回味无穷的美味！还伴有水果的香味……
肉质也非常松软！
土豆是姜黄粉加上茴香的味道！好喜欢这个味道！
香辣中带有非常温润香醇的口感！
而且各种香料之间没有互相夺味，比例调配得非常完美！
卷心菜的甜味搭上醋的酸味，还有爽脆的口感，好好吃！
我第一次遇到这家店的时候，受到非常大的震撼哦！
老爹做得好！
真的放了很多香料哦，分量惊人！
啊，牛肉也很鲜嫩爽滑，
应该是因为加了卡百内葡萄酒和赤霞珠。
啊
让我个人忍不住『扑哧』笑出来的小地方。
会使用各种不同的物件来压住账单。
银色的小碟子
结完账的标示，
用的是买药附赠的玩偶。
置筷架
回家路上，回味起香辛料的风味，立刻又开始想念这个咖喱的滋味。
啊啊，我下次还要再来欣赏那香辛料的协奏曲……

*咖喱店，自家制造，等待时间，零分钟。Sakaeya。
第三家是位于御徒町的『Sakaeya』。
※カレーの店 自家製造
待ち時間0分
サカエヤ
比起店名，『0分钟』的字样更大呢……
这里集结了『更快、更好吃、更便宜』三种要素，是忙碌上班族的人气聚居地哦！
等待时间真的是零分钟！
猪肉咖喱
580日元
桌面放着可自己添加的藠头和七福什锦酱菜
土豆
猪肉
白饭分量满满！男性也能吃得饱！
咖喱的味道……
让人感觉放松的美味。
辣度是中辣☆
真是很怀旧的味道啊。
感觉好像是随处都有，但却吃不到的滋味。可以从中品尝出料理人满满的诚意哦！
好好吃！
顺便介绍一下，这里的松肉汁（120日元）也很不错哦！
牛蒡
薄片胡萝卜
白萝卜
芋头
魔芋
满满的一大碗松肉汁。
根茎类蔬菜的甜味太赞啦！

我们店做的只是一般食谱上会刊载的普通咖喱而已啦！
店主
但是要认真做起来，也很花工夫呢！
这是我们使用的一种咖喱粉，叫『S&B』。
我们大家都很熟悉的品牌。
REGISTERED TRADEMARK
S&B
Spicy Curry Powder
特製エスビーカレー
我听说学校营养午餐里用的也是这种咖喱粉。
所以才会有种让人怀念的熟悉味道吧。
店里还有这样的客人。
能单要一份咖喱酱吗？
感冒中
七福什锦酱菜和藠头也是可以外带的哦！
要多保重哦！
自备着锅和盖子
豆子小姐，快看！
怎么了？
厨房刷洗得很干净呢！
亮晶晶
亮晶晶
虽然只是不起眼的地方，但真的很了不起吧！
而且这些努力都会体现在食物的味道上啊！
干净！
所以咖喱的滋味非常纯净，
也体会到了店主认真的态度哦！
对中川小姐说的话很有感触。
豆子内心的想象。
如果中川小姐吃了我煮的咖喱，会怎么说呢……
尝得出煮这份咖喱的人很是大大咧咧呢！

最后一家是位于池袋的『青蛙食堂』。
抱歉，我突然有点急事……
先走一步
中川小姐怎么了？
欸？她不是说今天有空的吗？
其实中川小姐非常惧怕青蛙。
啊
但这只是店名而已啊！
我对于青蛙可不是一般的讨厌哦！上小学的时候，有一次考试出了一条有青蛙图案的题目，我不仅用笔袋遮住那条题目，而且到最后也没有写，考试过后还把那个遮过青蛙图案的笔袋给扔了！
碎碎念……
不……不是吧？
不过，最后还是去了。
都来到这里了，如果不去有损美食记者的专业素养哦！
真是的……
拖行中……
就这样，我们来到了『青蛙食堂』。
かえる食堂
OPEN
カレー
这里的青蛙感也不是那么强烈嘛！
而且摆的摆饰还挺可爱的啊。
我不发表感言……
店内的风格很像时髦的咖啡店。

*铃木一郎：日本著名棒球选手。

砰——!!
绿色咖喱 750日元
上面竟然有一个大大的青蛙图案！
扑哧……
怎么偏偏是她！！
这样带花纹的菜式只提供给女性客人哦！
很可爱的老板娘！
顺带提一下，这家店的蛋糕也很有人气！
松软湿润
戚风蛋糕 350日元
老板娘做的
蓬松感十足，弹力满分！
『希望让客人吃到好吃的东西！』这种热情透过咖喱不断传出来。让吃下的人感觉自己一下子也有了精神！
就这样，完成了这家咖喱店的采访……
之后
怎么觉得皮肤变好了！
而且还很有精神！
后来还觉得自己瘦了！
这就是咖喱的美容健身效果吧！
因为里面不是放了很多食疗的香料吗？
真的是呢！
我觉得我确确实实是瘦了……
因为青蛙吧……
美味好吃又能养颜美容，让人精力充沛的东京咖喱，希望你也能来试试看哦！

印度咖喱

店里贩卖的即食咖喱调味包，
后来发现一些高级超市里也有得卖！

采访之后找到的，超开心！

不过好像比店里的咖喱还辣？

终极版咖喱聚集地——东京

能在眼花缭乱的香辛料迷宫中，充分悠游沉浸的就属咖喱了。
虽然发源地是在印度，但是因为完成度与美味度高，所以目前咖喱也
算是日本的特色菜式之一了吧！
为咖喱发展做过极大贡献的小野先生曾经这样说过，
在咖喱的发展地中，东京是独一无二、出类拔萃的精品咖喱聚集地。
尝过了本次的几家店，现在一一回顾一下。
在适合咖喱爱好者初试身手的“德里”，
可以测试出自己对于辛辣度的接受极限。
在“The KARI”则能品尝到精细又有深度的香辛料风味，
在“青蛙食堂”则能拓展出你对咖喱的世界观与其发展的可能性，
而“Sakaeya”里让人放松的美味则具有疗愈身心的功效，
我向您诚意推荐——东京咖喱之旅！请您务必一一吃完哦！

吃饱饱推荐店面

德里银座店

东京中央区银座 6-3-11 西银座大厦 3 楼
电话 03-3571-7895
营业时间：周一至周五 11：30-22：00
（点餐时间截至 21：20）
周末、节假日 11：50-22：00
（点餐时间截至 21：20）
全年无休

Sakaeya

东京台东区东上野 1-6-3
电话：03-3831-6428
周一至周五 10：30-15：00、
16：00-20：00
周六 10：30-15：00
周日、节假日休息

The KARI

东京港区新桥 5-31-7 中村大厦 1 楼
电话：03-3437-2526
营业时间：11：30-14：30
周末、节假日休息

青蛙食堂

东京丰岛区池袋 3-6-1 第 2 京花庄 1 楼
电话：03-5950-6077
营业时间：周二至周六
11：30-17：00
周日、周一、节假日休息

让人眼花缭乱的甜蜜世界——日式甜点

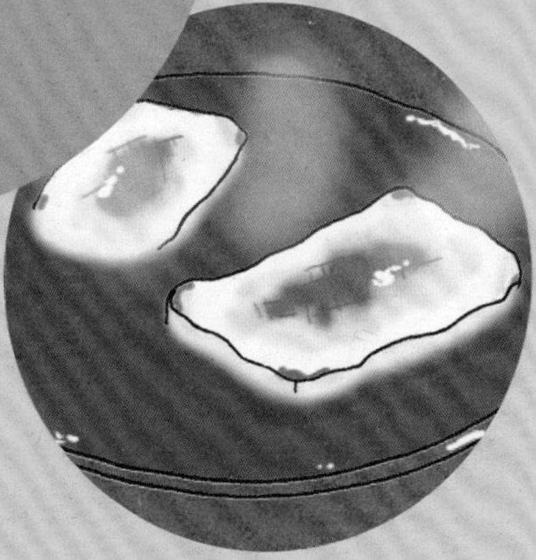

⑲ 纪之善（饭田桥）

⑳ TORAYA CAFÉ（表参道山庄店）

㉑ 竹村（神田・淡路町）

女同胞们，让大家久等了！这次的主题是……
日式甜点
太棒啦！
作为男同胞的我也期待很久啦！
您也喜欢吃甜点啊？
编辑：村泽先生
第一家是位于神乐坂的『纪之善』。
这里还有毗沙门天和日式饭馆一条街。
这里是非常有名的甜品店汇集地，如果连这里都不知道的话，就不能算是真正的甜品达人哦！
是这样的啊！
平常这家店经常要排很长的队，我们今天真的很幸运啊！
紀の善
招牌：纪之善
今天店里大多是年长的女性客人。
我们也排在她们当中。
虽然纪之善的抹茶果冻很有名，但是我们也很推荐它家的杏桃馅蜜哦！
那我就要一份抹茶果冻吧。
那我要一份杏桃馅蜜吧！
首先登场的是杏桃馅蜜！
杏桃馅蜜
850日元
豆子
黑蜜
琼脂
满满的豆沙馅
6个硕大的杏桃！

杏的果肉很饱满，豆沙馅很细腻呢！
外观看起来就很好吃！
我要开动啦！
一口下去
啊……
好……
太好吃啦！
琼脂里充满了石花菜的味道和香气！
一粒粒豆子的口感饱满湿润，
豆沙馅甜而不腻，滋味高雅！
大颗的杏桃，果香十足！
公主
为什么我得演王子……
每一样都是绝品，这些美味只应天上有啊！
嘴巴里洋溢着幸福感！
加上黑蜜试一下。
已经够甜了，还要加黑蜜吗？
抹茶果冻 850日元
丰厚绵滑的鲜奶油
带有颗粒的红豆泥
呈现鲜丽抹茶色的抹茶果冻
果冻的甜味恰到好处，再加上味道浓厚的豆馅儿和鲜奶油，真是绝妙的契合……
美味！

顺便介绍一下，跟茶一起上来的煎饼形状很可爱！
猪的形状
食材新鲜，制作精细，充分展现素材的好品质，高等级的美味令人十分陶醉！
好想把菜单上的菜品吃个遍！
除此之外，纪之善还有
栗子馅蜜
以及
核桃糊
等
一定要点来吃的甜品还有很多哦！
第二家是位于表参道的『TORAYA CAFÉ』。
TORAYA难道是……
是这样的感觉？
『TORAYA CAFÉ』
光彩亮眼
哇！跟想象中对老店的印象完全不一样！
好时髦！
闪闪发光！
老字号『TORAYA』以崭新的面貌与定位，经营着这样新潮的甜点咖啡店，确实让人耳目一新啊！
久等了，为您上甜点。
哇——

红豆与可可糖霜蛋糕
840日元
红豆沙、红豆、巧克力混合烘焙而成。
抹茶酱
中川小姐力荐
啊，看起来好好吃啊！
接着实际品尝滋味——
嗯——
很醇厚的味道！
这款糖霜蛋糕，在巧克力味之后是甜甜的红豆馅味儿，很清爽不会腻口！
幸福……
将所有美味凝缩在一起的精品蛋糕！
我们还点了秋季限定蛋糕。
栗子巧克力蛋糕
945日元
鲜奶油
红豆沙、白豆沙、栗子泥和牛奶巧克力混合烘焙而成的点心。
满满的栗子！
这个甜度刚刚好啊。
栗子的味道很浓厚，好好吃！
嗯……
每一款蛋糕都用料十足，让人感觉到非常满足！
而且搭配着日本茶一起吃，感觉更完美了！
虽然是日本茶，但是用西式茶壶盛装。
除了焙茶之外，还有煎茶、红茶和咖啡！

『TORAYA』所设计的现代咖啡，做得太令人惊艳了！
这是一种超越国界的全新的味道，让人体验到了前所未有的感觉！
陶醉
最后一家是位于神田的超级老字号『竹村』。
在『松屋』吃完荞麦面后，接着再吃『竹村』的甜点，就跟着小说家池波正太郎的脚步来趟美食之旅吧！
竹村
神田松屋
和风！
哦哦……
有深度！
这里好有日式怀旧风情啊！
这里被选为东京古迹建筑物。
欢迎光临。
咚
樱花茶汤啊……
就像在欢迎我们一样，给人暖暖的感觉！
我和村泽先生都点了这里招牌的红豆汤。
御膳红豆汤 750日元
汤里放有两块烧得略带焦黄色泽的年糕。

这年糕的焦香味真是让人难以抗拒啊！
红豆的味道也很棒！
美味感动，直达心头……
清口用的盐渍紫苏果也非常提味，让美味更上一层。
咸味
接着端上桌的就是中川小姐点的甜品啦。
红豆
这是什么？
温热浓稠的红豆泥
温热
软糯
那碗到底是什么？
我的最爱……
是烧萩饼吗？
不是啦，这是小米年糕红豆汤（780日元）。
咦
年糕汤不就是指有红豆馅的红豆汤那种吗？
豆子小姐，那似乎是关西的叫法哦！
上网查了
关西
红豆汤
豆沙红豆汤
年糕红豆汤
有红豆颗粒的红豆汤
关东
红豆汤
有汤汁的红豆汤
年糕红豆汤
没有汤汁的红豆泥
此外
御膳红豆汤→豆沙红豆汤
田舍红豆汤→有红豆颗粒的红豆汤
于是，我也就尝到了人生中第一碗小米年糕红豆汤！
能享受到小米弹牙有劲、黏黏稠稠但还带有颗粒的口感，以及滑顺香浓的红豆泥……

我竟然今天才知道世界上有这么好吃的东西……
真是我人生的一大损失啊！
斩钉截铁
从今天开始，这就是我的最爱啦！
嗯嗯……真的是很大的损失呢！
这当中还有这样的客人……
欢迎光临
四个大男生一起来吃甜品……很稀奇啊！
大学生？
因为一个人不好意思进来，所以就大家一起来了？
不知不觉，我们忍不住竖起了耳朵……
吃什么好？
兴奋
哇，看不懂菜单啊！
什么叫泡泡年糕红豆汤？
问一下店里的人嘛！
骚动
跟某人好像……
嘿嘿
泡泡年糕红豆汤就是指在蒸好的小米上，浇上豆沙泥。
所用的小米是一种谷物稗子中的小米哦。
嘻——!!
我还以为是泡泡！
泡泡年糕红豆汤
真……真是新奇的甜品！
那些男生也是听说这里很有名，特意来尝一尝的吧！
不过……冲击很大吧！
各位也一定要来尝一尝哦！

"TORAYA CAFÉ"的红豆包

"TORATA CAFÉ"也有可以打包回家的红豆面包！

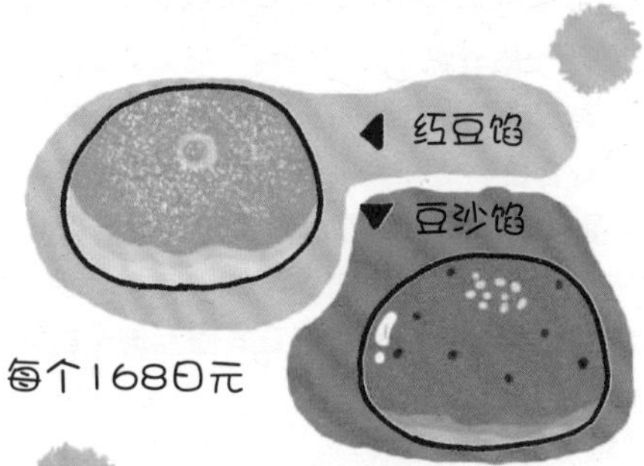
◀ 红豆馅
▼ 豆沙馅
每个168日元

TORAYA的红豆面包，一定会很受欢迎吧！

买回去当伴手礼！☆

连男生也喜欢的日式甜点最“完美”

在我们身边，应该有着很多平时不爱吃甜食，却忍不住吃上几块日式甜点的人吧？在大家周遭是不是有许多这种人？尤其男生中也有很多人喜欢日式甜点。在本次采访中我就亲眼看见了在“竹村”吃甜点的四位大男生。

脑海里至今还能浮现出，衣着新潮的他们与具有历史感与日式风格的店面有些不搭的场景，但是看着本应更符合便利店和连锁家庭餐馆画风的甜品一族，来到老字号品尝甜品，让人不自觉浮出微笑并觉得很美好。

想必是因为老字号“TORAYA”和“纪之善”在坚守着传统的同时，也研发出了不少新式甜点，所以能让我们认识到日式甜点的全新魅力吧！

吃饱饱推荐店面

纪之善

东京新宿区神乐坂 1-2 纪之善大厦
电话：03-3269-2920
营业时间：11：00-20：00
（点餐时间截至 19：30）
周日、节假日 11：30-18：00
（点餐时间截至 17：00）
周一休息（若周一是节假日，则周二休息）

TORAYA CAFÉ 表参道山庄店

东京涩谷区神宫前 4-12-10 表参道山庄本馆 B1
电话：03-5785-0533
营业时间：周一至周六、节假日
11：00-22：30（点餐时间截至 21：30）
周日 11：00-21：30
（点餐时间截至 20：30）
* 但遇连假时则改为假期最后一日。
全年无休（参考表参道山庄的休息日）

竹村

东京千代田区神田须田町 1-19
电话：03-3251-2328
营业时间：11：00-20：00
（点餐时间截至 19：40）
周日、节假日休息

精心熬制的上汤——沉浸在关东煮的世界吧

㉒ 浅草关东煮大多福（浅草）

㉓ 关东煮 Konakara 总店（御茶水）

㉔ 日本桥御多幸总店（日本桥）

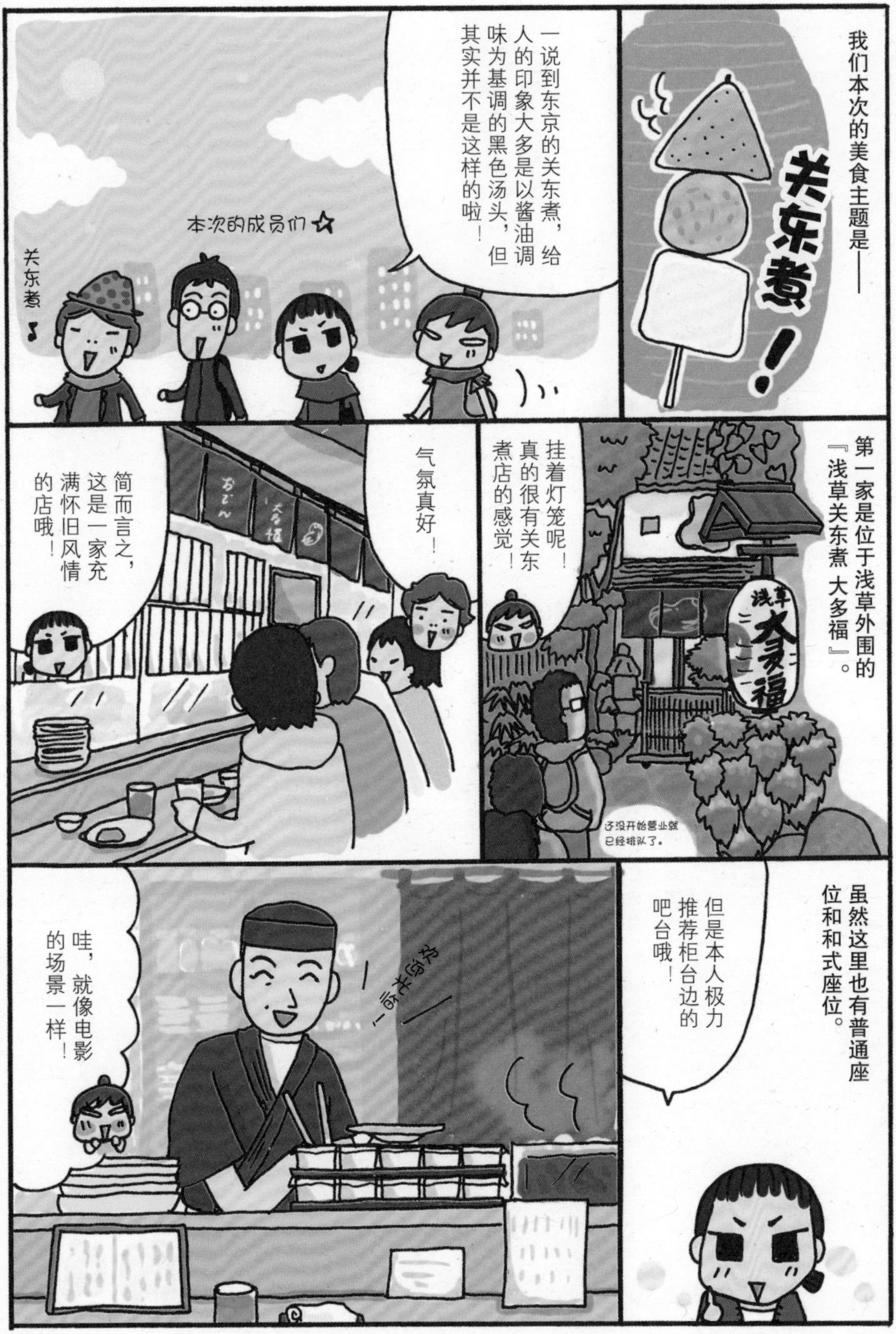
我们本次的美食主题是——
关东煮！
一说到东京的关东煮，给人的印象大多是以酱油调味为基调的黑色汤头，但其实并不是这样的啦！
本次的成员们☆
关东煮♪
第一家是位于浅草外围的『浅草关东煮 大多福』。
浅草 大多福
挂着灯笼呢！真的很有关东煮店的感觉！
还没开始营业就已经排队了。
气氛真好！
简而言之，这是一家充满怀旧风情的店哦！
虽然这里也有普通座位和和式座位。
但是本人极力推荐柜台边的吧台哦！
欢迎光临～
哇，就像电影的场景一样！

年代久远的锅子超有韵味！
咕噜咕噜
好好吃的样子！
火锅料也能看得一清二楚，这样的感觉真的太棒了！
真的！
对吧！
这家店的魅力就在于，关东煮的种类非常多。
萝卜 胡萝卜 银杏 蜂斗菜 麦麸
卷心菜 洋葱 车轮烤麸 厚炸物
紫萁 蟹味菇 豆腐
炸豆腐丸子 烤豆腐 魔芋丝
八幡卷 烧卖
金枪鱼 章鱼腿
海带 裙带菜茎 里潮鱼
福袋 饼袋 帆立贝
鹌鹑蛋 海贝
鸡蛋
吃什么好呢？很难选择啊！
*虽然菜单上没写价钱，
但每款都在110-420日元之间，章鱼腿730日元。
我要银杏、裙带菜茎和萝卜。
好的！
老板在我们面前亲自盛菜上盘，这点让人太开心啦！
从每个人选择关东煮的材料中，也能看出不同的个性特色呢！
村泽先生的
手工鱼浆丸
海带
炸烧卖
中川小姐的
黄芥末
裙带菜茎
白萝卜
银杏
排满整桌
加藤先生的
鹌鹑蛋
银杏
豆皮福袋（里面有烧卖）
小章鱼
豆子的
油豆腐
银杏
小米麦麸
被中川小姐影响点了银杏的两个人。

小米麦麸黏黏稠稠的！很简单朴素但又很美味！
好大颗的银杏！吸饱了酱汁很柔软！
清爽的高汤中，能尝到鲜甜的滋味！
有点儿京都风情的感觉。
咬下白萝卜的同时，醇厚的酱汁味道一下子就进入口中了。
多汁
裙带菜茎也很有嚼劲，还有饱满的汤汁，味道简直绝妙！
好好吃的样子！等下我也要来一份裙带菜茎……
我也要裙带菜茎，再来一份蟹味菇、紫萁和洋葱。
这回换成裙带菜茎风潮！
沉浸在美食世界中的四个人……已经完全忘记后面还有两家店要进行采访了，一直不停地点菜！
啊——好吃啊……真幸福。
谢谢您。
豆子小姐，你还是第一次来关东煮专卖店吧？
不喝酒的人
因为我不喝酒，感觉来关东煮店好像怪怪的……
最近也来了很多不喝酒的客人，所以不喝酒没关系，请不要介意哦！
虽然以前曾发生过不喝酒的客人来到这里，会被喝酒的客人起哄或者冷嘲热讽的事件……

这样很尴尬吧！
这种时候我们就会帮客人放个空的酒壶和酒杯哦！
我有在喝酒啊，
怎么样？
……看起来像是在喝酒，但其实酒瓶里是……
空的
这种做法也是一种人情世故吧！
最后我们还请店里的人，隔着关东煮的锅子，帮我们拍照留念了！
咔嚓！
（对于不会喝酒的人来说）来到这里不但不会觉得难受，而且还会觉得很享受呢！
接下来我们来到的是位于御茶水的『关东煮 Konakara总店』。
这里有很多种由店家自创、样式别致的关东煮哦！
一进到店里，目光马上就被吸引了。
哇！
葫芦形状的锅！
这是店里的特色哦！
这里的关东煮，有很多有趣的食材呢！
真的！连名字都感觉很可爱！
例如土豆丸小姐，
或锅巴先生！
快点来点餐！

满满一桌!!
海带芽
一份关东煮
200-400日元
艾草面疙瘩
白芋茎
土鸡蛋
鲜香菇丸
锅巴先生
藕饼
京都水菜
五谷饭团加高汤
柚子
鸭儿芹
茗荷
手工沙丁
鱼浆丸
冬季限定
牡蛎关东煮
1100日元
白萝卜
白芋茎的味道很清脆，有点像土当归，又有点像芹菜！
咔嗞！
艾草面疙瘩充满了艾草的香气！
飘散
每一款都充分地吸收了高汤，真是令人难以抗拒的美味啊！
多汁……
鱼浆类制品也是这家店自制的哦！
有很多种女孩子喜欢的配料！
例如艾草面疙瘩等。
一直在吃
就在这时候，有位男士点了感觉就是女性会喜爱的关东煮……
请给我一份南瓜丸子小姐！

*译注：『现磨芝麻』跟日语『拍马屁』同音。

最后我们来到的是位于日本桥的『御多幸』总店。
*御多幸
一楼是吧台座位。
二楼是餐桌座位。
人声
鼎沸
这里和前两家的氛围又完全不一样啊!
更像居酒屋!
汤头的味道也不一样哦!
锵!
『御多幸』的汤头色泽是褐色的,就是我们平常所说的『关东炊煮』的老字号。
白萝卜
竹笋
鸡蛋
海带卷
每份190日元
汤头甜甜咸咸的!味道很浓厚扎实!
赞——!
这个也很好吃!
这浓厚的味道感觉跟酒会很搭!
还有各式各样的烧烤!
大山烤鸡翅 320日元
大山烤鸡腿 750日元
这里的关东煮种类多样,其他的菜品的款式也很丰富哦!
好诱人的焦香味!♡

接下来就是这家店最不能错过的『豆饭』啦！
豆饭？
豆饭 370日元
咚！
这什么？好重！
将关东煮的豆腐置于饭面上，就叫『豆腐饭』，简称『豆饭』。是这里的招牌餐点哦！
沉重
茶水焖饭
只有豆腐作为配菜的饭，能吃吗……
豆腐煮得非常入味，是很下饭的一道菜！
为了能更好地吸收高汤，特地将饭煮成了粒粒分明的样子！
但是我已经很饱了……
已经是第三家了……
那我来吃吧！
兴奋
加藤先生好像已经吃下常人两倍分量的饭菜了吧？
不，是三倍吧？
好好吃！
加藤先生真的是很能吃的呢！
被加藤先生吃东西的气势吓到！

既然吃饱了，那我们再买点外带回家如何？
也有很多人因为想要这里的包装容器，所以特地打包外带回家，连这里的容器都很受欢迎哦！
因为这样，于是我们也打包外带了！
大家晚安！
回家后
哇——
快速
打开
竟然是罐子！
好可爱哦！
本店
*罐子需要加收500日元。
（罐子文字：御多幸本店）
那里的关东煮，连关西出身的先生也对它赞不绝口！
这就是关东的味道啊！
不光只是味道浓厚，而且汤头也完全入味，好吃！
这个罐子也很不错啊！
像这样一边看着罐子，一边吃，就像在店里吃一样！
很高兴！
关东煮既好吃又有着多重乐趣，而且现在是连不能喝酒的人也能这样尽情地享受关东煮的时代，真是太好了！
好吃！
下次要带家里人一起去哦！

“御多幸”的特产

在家里也能做“豆饭”哦！
虽然豆腐也很推荐，
但是外带牛筋也十分不错哦！
把牛筋放在打了生鸡蛋的白饭上，

配有酱汁，所以喜欢多汁
的小伙伴完全可以放心！

吃关东煮，一定要挑选柜台座位的位置

虽然关东煮一般给人的印象是在家里吃的料理，
但是若选择在店里吃，你会发现一个完全不一样的关东煮世界。
每一种关东煮都有自己独特的味道。
特别推荐的吃法是，在吧台现点现吃关东煮。
看着店里的工作人员问：“白萝卜够入味吗？”或是看着邻桌的餐点，
指着说：“我也来一份这个！”这种气氛感觉就像在电视里才会出现一样。
来到店里吃关东煮，会让人有一种特别的成就感。
对了，别忘了“御多幸”那个很有趣的外带罐子哦。

吃饱饱推荐店面

浅草关东煮大多福
东京台东区千束 1-6-2
电话：03-3871-2521
营业时间：
4-9 月 17：00-23：00
周日、节假日 17：00-22：00
10-3 月 17：00-23：00
周日、节假日 12：00-14：00
16：00-22：00
3-10 月周一休息
11-2 月不休息（除年末年初外）

关东煮 Konakara 总店
东京文京区汤岛 1-9-6
电话：03-3816-0997
营业时间：
18：00-22：30
（点餐时间截至 22：00）
周日及不定时休息

日本桥御多幸总店
东京中央区日本桥 2-2-3 御多幸大厦
电话：03-3243-8282
营业时间：
周一至周五 11：30-14：00
（点餐时间截至 13：30）
17：00-23：00（点餐时间截至 22：15）
周六、节假日 16：00-22：30
（点餐时间截至 21：45）
周日休息

越南料理、中国少数民族料理、秘鲁料理——各国珍稀料理

㉕ Maimai（江古田）

㉖ 拿破仑的鱼（麻布十番）

㉗ Pepoka（原宿）

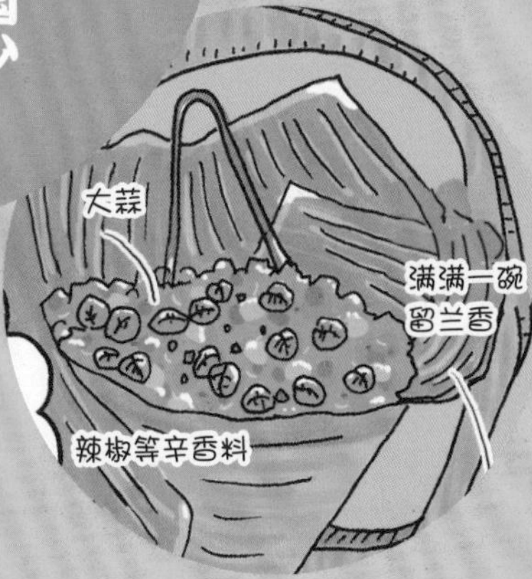

哟，让大家久等了！
这一回让人想大声喊出来的美食是——
异国料理！
因为曾经在印度尼西亚留过学，所以很喜欢异域美食！
跟其他地方号称所谓的『XX风味』是不一样的！只有东京才能尝到如此原汁原味的外国美食，也只有在东京才能找到这些料理的店家哦！
第一家是位于江古田的越南料理『Maimai』。
整个江古田似乎都要被这间店的越南特色给感染了，所以只是站在那里感受店里的气氛就十分新鲜有趣呢！
哇！
确实只有这里独具越南风情！
真的完全是在越南的感觉啊！
缤——纷！
店里装饰着琳琅满目的越南当地的流行饰物，好有气氛，超兴奋！
咔哟哟！
咔哟哟！
这样的就餐氛围真是太让人高兴了！
最喜欢这样的感觉了！
老板足立小姐还经常前往越南，研究越南的地道风味。
因此这里的味道不单单是地道的，更是与时俱进的。

越南的女孩子也非常喜欢的饮料！
酸橙苏打 600日元
首先点了饮料！
碳酸水
玻璃杯底部放有1厘米左右高度的砂糖。
新鲜的酸橙
加入碳酸水，再将酸橙榨汁放入杯中。
沉淀的砂糖可以根据自己的口味来搅拌溶解。
差不多够了吧？
砂糖沙沙的颗粒，口感好有趣！
呼呼！
酸橙汁味道也很清爽！
越南米纸卷猪肉
1200日元
『Maimai』的推荐菜式登场了！
香菜
生菜
放了青木瓜丝的蘸酱
黄瓜丝
极薄的米纸
小葱
切成厚片的猪肉
能自己包着吃，真的太好玩了！
米纸因为充分吸收了蔬菜的水分而变得湿润，所以很容易卷起来哦！
卷卷卷
尝了一口……
嗯——
是越南的味道！
猪肉很有嚼劲，而且味道很浓厚！还有香菜！感觉整张桌子都是香菜的香气啊！
脆脆
脆脆
蘸酱里青木瓜爽脆的口感，很有画龙点睛的效果呢！

因为米纸很薄，所以不只口感很细腻，更能完全和里面的馅料融合为一体哦！
越南鸡肉咖喱
1000日元
我们还点了越南风味咖喱！
满满的香菜
鸡肉
地瓜
蟹味菇
椰子奶的甜味恰到好处，很浓郁的味道！
好好喝！
这不辣的咖喱，味道也很不错呢！
咖喱里的蔬菜种类，会随着季节的变化而变化。
虽然是原汁原味的味道，但感觉像是高级料理呢！
其实这里是不用化学调味料的哦！
竟然没有用连越南当地都经常使用的化学调味料！那这里能做出原汁原味的越南菜也太厉害了吧？
就因为这样，吃完完全不会有胃胀的感觉哦！
在『Maimai』随处都能感受到老板设身处地为客人着想，想让客人吃得开心的那份心情。
不只是气氛欢乐，料理好吃，也没有胃胀感，所以会让人不自觉地坐太久以至于吃太多了！
吃太饱……

第二家位于麻布十番。
我们要去中国少数民族料理店——『拿破仑的鱼』！
哇——那是什么？
因为今天想吃到更多各式风味的料理，所以我就带了两位吃货好友一起过来啦！
午安！
三省堂书店有乐町店新井小姐
丸善&淳久堂书店涩谷店胜间先生
因为是中国少数民族料理店……
所以那里应该看上去富有民族特色吧？
——我是这么想的。
然而，店里却很现代化！
一整排的调味料。
主厨小山内先生会说一些中国少数民族的语言，所以经常到中国各地辗转逗留，品尝当地美食，有时还会深入到当地的厨房研究料理的做法。
然后，再将当地的味道带回到这里呈现给大家。
不过，因为会循环交换不同民族的料理，
所以有可能每次来都是新的菜式。
就在大家的期待值已经达到顶峰的时候，菜上来啦！
好想快点吃到哦！

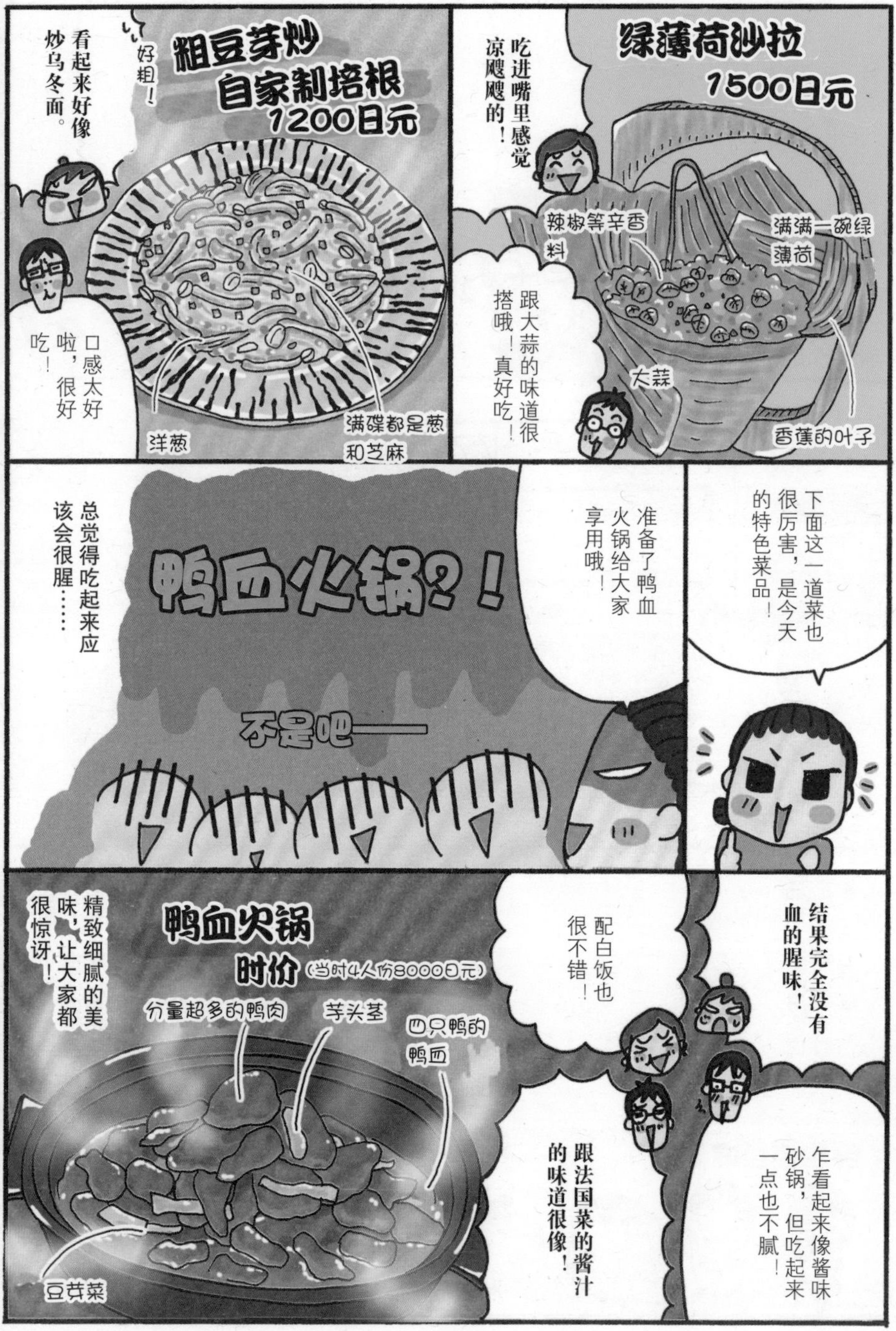

看起来好像炒乌冬面。
好粗！
粗豆芽炒自家制培根
1200日元
口感太好啦，很好吃！
洋葱
满碟都是葱和芝麻
吃进嘴里感觉凉飕飕的！
绿薄荷沙拉
1500日元
辣椒等辛香料
满满一碗绿薄荷
跟大蒜的味道很搭哦！真好吃！
大蒜
香蕉的叶子
下面这一道菜也很厉害，是今天的特色菜品！
准备了鸭血火锅给大家享用哦！
鸭血火锅？！
总觉得吃起来应该会很腥……
不是吧——
结果完全没有血的腥味！
配白饭也很不错！
鸭血火锅
时价（当时4人份8000日元）
精致细腻的美味，让大家都很惊讶！
分量超多的鸭肉
芋头茎
四只鸭的鸭血
豆芽菜
跟法国菜的酱汁的味道很像！
乍看起来像酱味砂锅，但吃起来一点也不腻！

吃过一会儿后，我们加了白菜。
白菜好甜哦！
这时候红豆麦粥端上来了。
吃过火锅容易上火，吃这个粥可以稍微降一下火气。
连保健食疗都考虑到了！
最后一道收尾的菜品被称为『白色麻婆豆腐』。
这道菜虽然非常辣，但真的超好吃！
黄辣酱豆腐 1500日元
满满的葱
切成正方形的豆腐
虽然闻起来很香……
确实是白色的！
……也有点偏黄？
第一位试吃者胜间先生……
吃一口
好吃……但是……
疯狂灌水！
有这么夸张吗？
这也难怪，
这个白色麻婆豆腐里面是用发酵过的辣椒来进行调味的。
全是辣椒！
也因为如此，虽然很辣……
但是发酵过的调味料独特的酸味和香醇，真的会让人上瘾！
比起普通的麻婆豆腐，我可能会更喜欢这个呢！
哈呼
哈呼
好好吃哦——
女孩子反倒比较不怕辣……

每一道菜都充满感动和惊喜的中国少数民族料理，
太好吃了！
下次再来时，不知道会吃到哪个民族的特色料理呢？好期待。
最后一家店是位于原宿的秘鲁料理店『Pepoka』。
这里也是一家很优雅高尚的店呢！
还以为秘鲁料理的店，会是比较粗犷质朴……
店里装潢很是沉稳！
外国的客人也很多！
这家店因专注于表现现代秘鲁料理的精髓，现在也备受料理界瞩目哦！
啊——！
料理端上来后，更是让所有人都眼前一亮！
哇！
就像甜点一样！
秘鲁海鲜沙拉 1800日元
魁蛤乌贼汁海鲜沙拉
什锦海鲜沙拉
黄辣椒酱海鲜沙拉
虾子
乌贼
当日鲜鱼
墨鱼
小手榴弹辣椒沙拉
香菜奶油海鲜沙拉
赤贝佐墨鱼汁沙拉

在秘鲁还有专门的海鲜沙拉店，这可是一道国民级的前菜呢！
虽然材料各式各样，菜色的种类也很丰富，但是基本上是柠檬腌渍海鲜。
柠檬
红洋葱
番茄
辣椒
香草
搭配以上等食材。
新口味啊！
柠檬真的很新鲜！
好吃到让人真想用吸管一口气喝完！
这是什么啊？
这竟然是秘鲁的玉米！
好大！
这个口感……很有趣！
哈？
怎样怎样？
吃起来不是脆脆的口感，反而是松松软软的，就像芋头一样！
超乎想象！
对各种新食材感到惊奇有趣，边吃边比较讨论，大家的情绪也高涨起来！
墨鱼汁海鲜沙拉很好吃啊！
我喜欢香菜奶油海鲜沙拉！
兴奋
热烈
我喜欢传统海鲜沙拉！
接下来的菜品引起了大家的一阵欢呼！（特别是女孩子）。
哇——

四式甜点 1800日元
番茄
鸡肉
墨鱼橄榄酱
酸渍鱼
蟹肉
油梨
将土豆做成泥，加入柠檬和辣椒调味，再和鸡肉、海鲜做成一道前菜。
底部是土豆泥
就像和式点心一样！
酸浆果柚子夹心蛋糕
800日元
表层的焦糖，带点儿微微的苦！
奶油
里面添加了有颗粒感的酸浆果籽。
甜中带酸，很爽口！
然后……
让新井小姐如此称赞的菜是……
虽然每一个都很好吃，但是要说人生的最后时刻最想吃到的还是这一道吧……
而且这些五彩缤纷的色彩全都是天然材料做成的哦，很惊人吧！
无任何化学添加也能做出这么好看的颜色啊！
这个太好吃了！
把它拍下来，睡觉前还能再开心一下！
咔嚓
没想到能让你这么开心，真的太好了！
这次美食之旅真是汇集了各式食材和美味！
啊——幸福！
为了能一次性多品尝几道料理，很推荐大家一起组队去享用哦！

"Maimai"姐妹店——"ECODA HEM"

ECODA HEM是在Maimai附近的一家姐妹店。

在这里可以吃到越南甜品和越南河粉等街头美食！

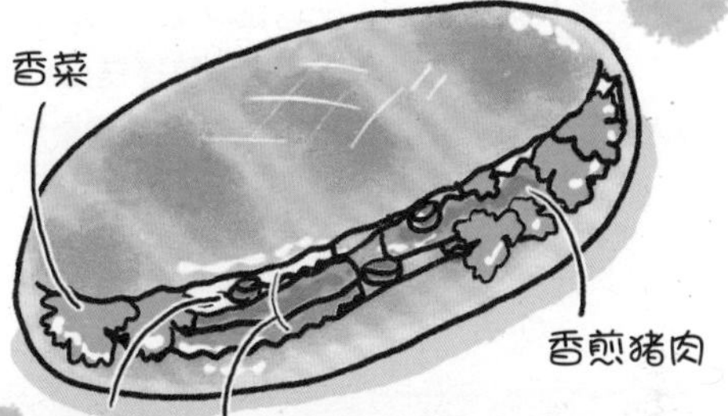

迷你越南三明治 450日元

多汁的猪肉、泡菜的酸味，再加上辣椒的辛辣与香菜的完美融合，超级美味！

东京无比的魅力——令人上瘾的外国风味

说到各国美食，除了东京之外，其他地方也不胜其数。
但是本次介绍的店是难得一见，在各领域做到极致的“稀有”店家。
比如“Maimai”，似乎要把整个江古田变得越南化，
呈现出一股席卷整条商店街的魅力；
“拿破仑的鱼”，则大力传达着传统中国少数民族的风味；
“Pepoka”，一家洋溢着现代风情的店，无论是菜品成色、味道还是食材，都是其他店难得一见的出品，让人惊喜连连！
每一家店都是意料之外的惊喜，让人不得不惊叹东京这个地方所独有的神奇魅力。

吃饱饱推荐店面

Maimai

东京练马区旭丘 1–76–2
电话：03–5982–5287
营业时间：18：00–22：30
（点餐时间截至 22：00）
* 周末、节假日至 22：00
（点餐时间截至 21：30）
周一、周二休息
* 学龄前儿童不适宜入内

拿破仑的鱼

东京港区麻布十番 1–6–7–2F
电话：03–3479–6687
营业时间：午餐 11：30–15：00
（点餐时间截至 14：00）
周二至周五 18：00–23：30
（点餐时间截至 22：30）
周末、节假日 17：00–22：00
（点餐时间截至 21：00）
周一休息

Pepoka

东京涩谷区神宫前 2–17–6
电话：03–6804–1377
营业时间：17：00– 凌晨 2：00
（点餐时间截至凌晨 1：00）
周五、周六 17：00– 凌晨 5：00
（点餐时间截至凌晨 3：00）
周日及（每月一次）周一休息
* 欢迎来电确认具体休息时间

食材和厨艺并重——
极品天妇罗

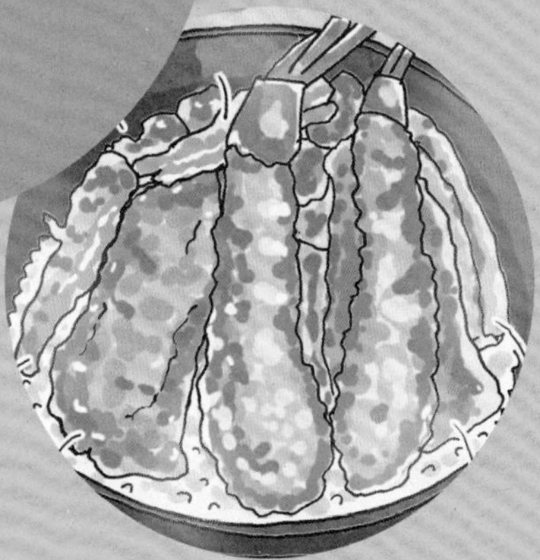

㉘逢坂天妇罗（西新桥）

㉙天助（高円寺）

㉚近藤天妇罗（银座）

这次的主题是——
江户三大美食之一的
天妇罗！
喜欢喜欢！
因为天妇罗的价格稍贵，所以我们选择了价位较低的午饭时段去享用。
其实天妇罗在江户时期是平民的快餐，所以都是站着吃的哦！
顺带一提，江户的天妇罗主要是以江户前的海域，也就是东京湾里的海鲜为原材料。
蔬菜天妇罗被认为是不正宗的，因此蔬菜以前只能作为装饰配色而已。
欸——
第一家是位于西新桥的『逢坂天妇罗』。
这里晚餐的价格相当昂贵，但午餐价格是弹性的，比较划算，所以是性价比很高的一家店哦！
宽阔的吧台感觉很高级啊！

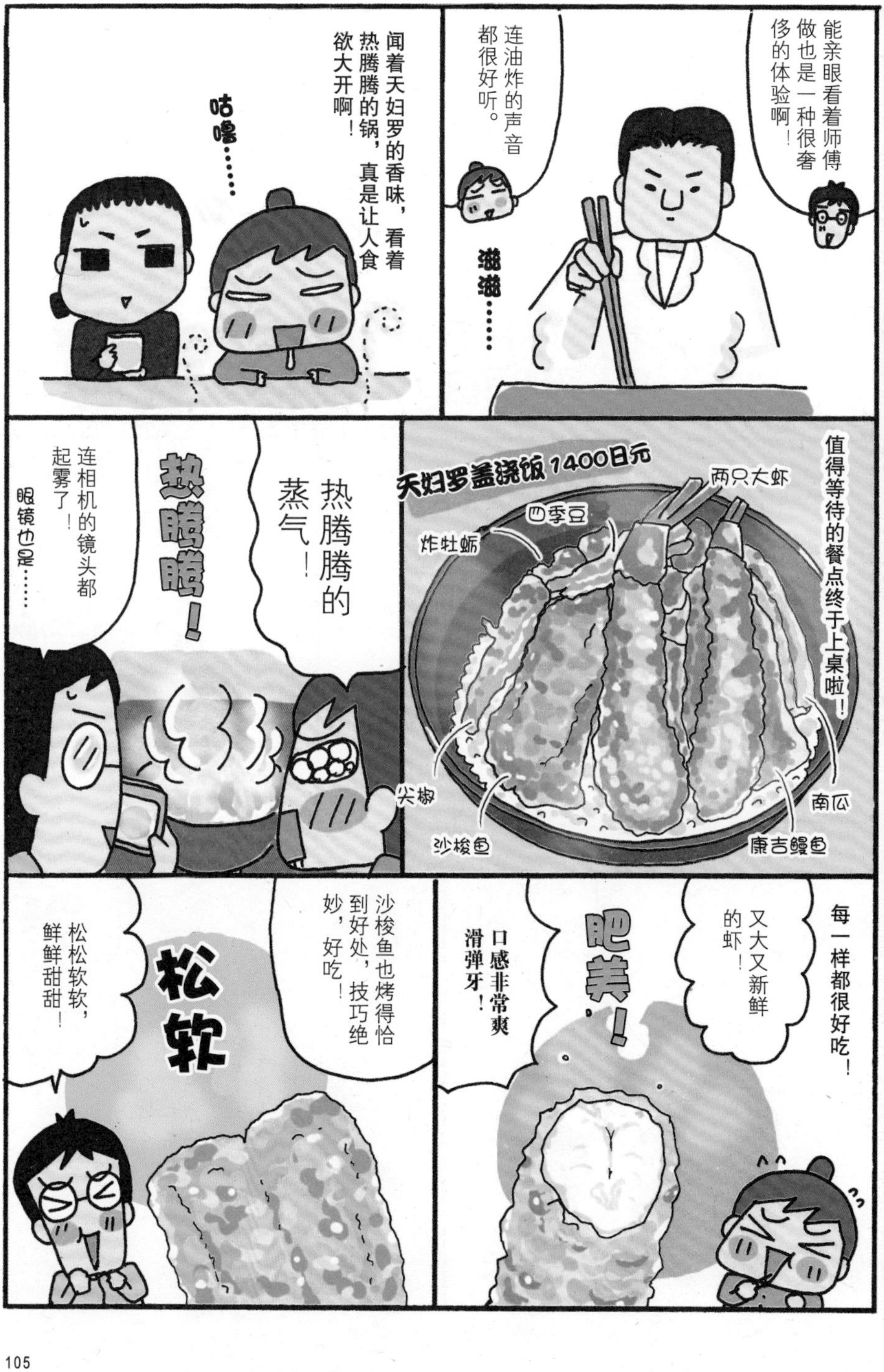
能亲眼看着师傅做也是一种很奢侈的体验啊！
连油炸的声音都很好听。
滋滋……
闻着天妇罗的香味，看着热腾腾的锅，真是让人食欲大开啊！
咕噜……
值得等待的餐点终于上桌啦！
天妇罗盖浇饭 1400日元
两只大虾
四季豆
炸牡蛎
尖椒
沙梭鱼
康吉鳗鱼
南瓜
热腾腾的蒸气！
热腾腾！
连相机的镜头都起雾了！
眼镜也是……
每一样都很好吃！
又大又新鲜的虾！
肥美！
口感非常爽滑弹牙！
沙梭鱼也烤得恰到好处，技巧绝妙，好吃！
松软
松松软软，鲜鲜甜甜！

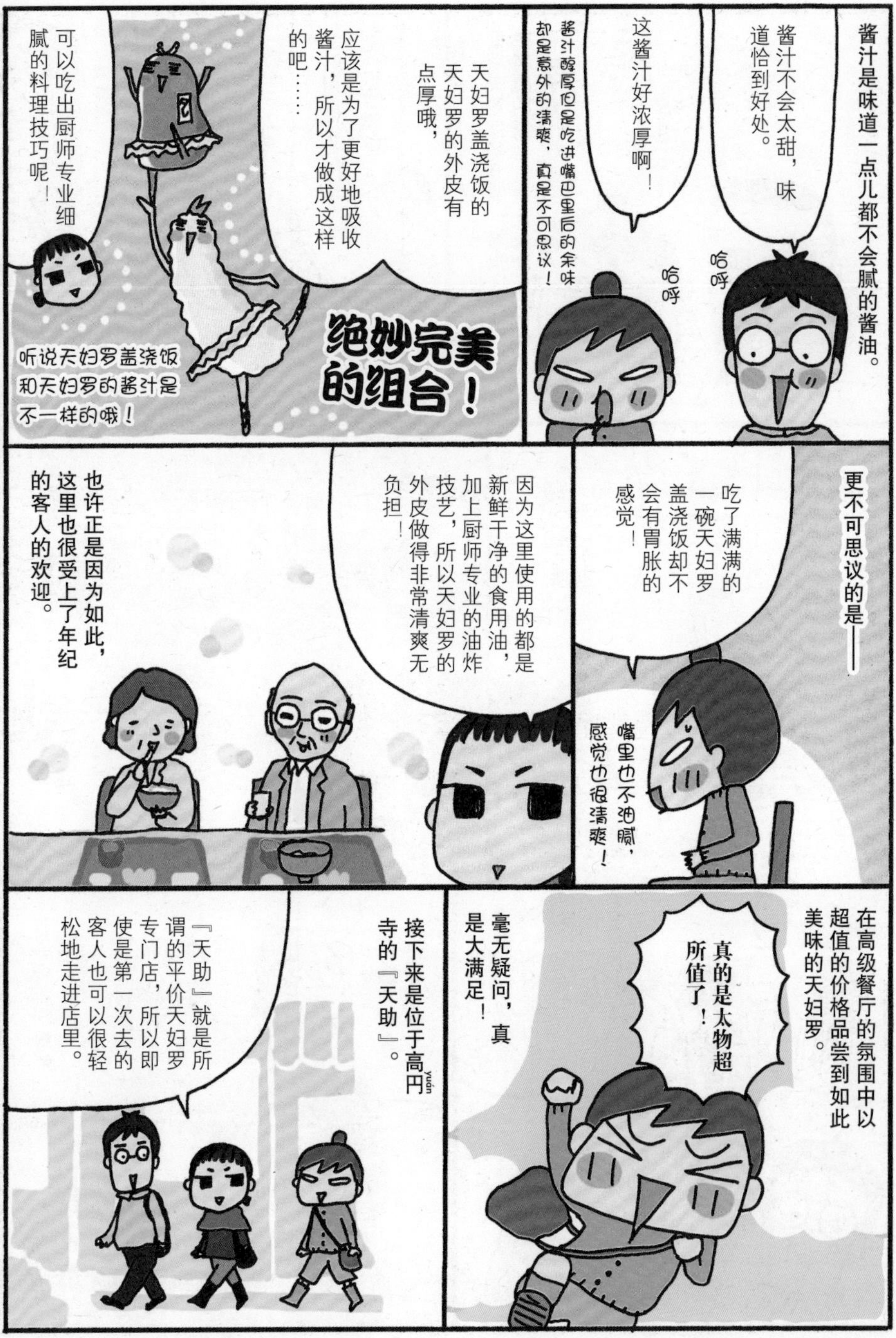

酱汁是味道一点儿都不会腻的酱油。
酱汁不会太甜，味道恰到好处。
哈呼
这酱汁好浓厚啊！
哈呼
酱汁醇厚但是吃进嘴巴里后的余味却是意外的清爽，真是不可思议！
天妇罗盖浇饭的天妇罗的外皮有点厚哦，应该是为了更好地吸收酱汁，所以才做成这样的吧……
可以吃出厨师专业细腻的料理技巧呢！
绝妙完美的组合！
听说天妇罗盖浇饭和天妇罗的酱汁是不一样的哦！
更不可思议的是——
吃了满满的一碗天妇罗盖浇饭却不会有胃胀的感觉！
嘴里也不油腻，感觉也很清爽！
因为这里使用的都是新鲜干净的食用油，加上厨师专业的油炸技艺，所以天妇罗的外皮做得非常清爽无负担！
也许正是因为如此，这里也很受上了年纪的客人的欢迎。
在高级餐厅的氛围中以超值的价格品尝到如此美味的天妇罗。
真的是太物超所值了！
毫无疑问，真是大满足！
接下来是位于高円（yuán）寺的『天助』。
『天助』就是所谓的平价天妇罗专门店，所以即使是第一次去的客人也可以很轻松地走进店里。

好像有点不太像天妇罗专门店的感觉？
好像小酒馆哦……
店里布置得很独特！
世界各地的风景海报。
不知道为什么墙上会挂着毛巾装饰……
风格有点奇怪的招牌。
天すけ
这里的推荐菜式是玉子商业午餐（1300日元），还包含了很有名的鸡蛋天妇罗套餐哦！
鸡蛋
天妇罗？！
油炸煮鸡蛋？
还是油炸鹌鹑蛋？
看！已经开始做了哦！快看！有趣得很！
利落
敲
快速
快速——滑下
生蛋直接打进油锅？
一甩
真的是瞬间完成！
竟然把鸡蛋壳随手往后丢！

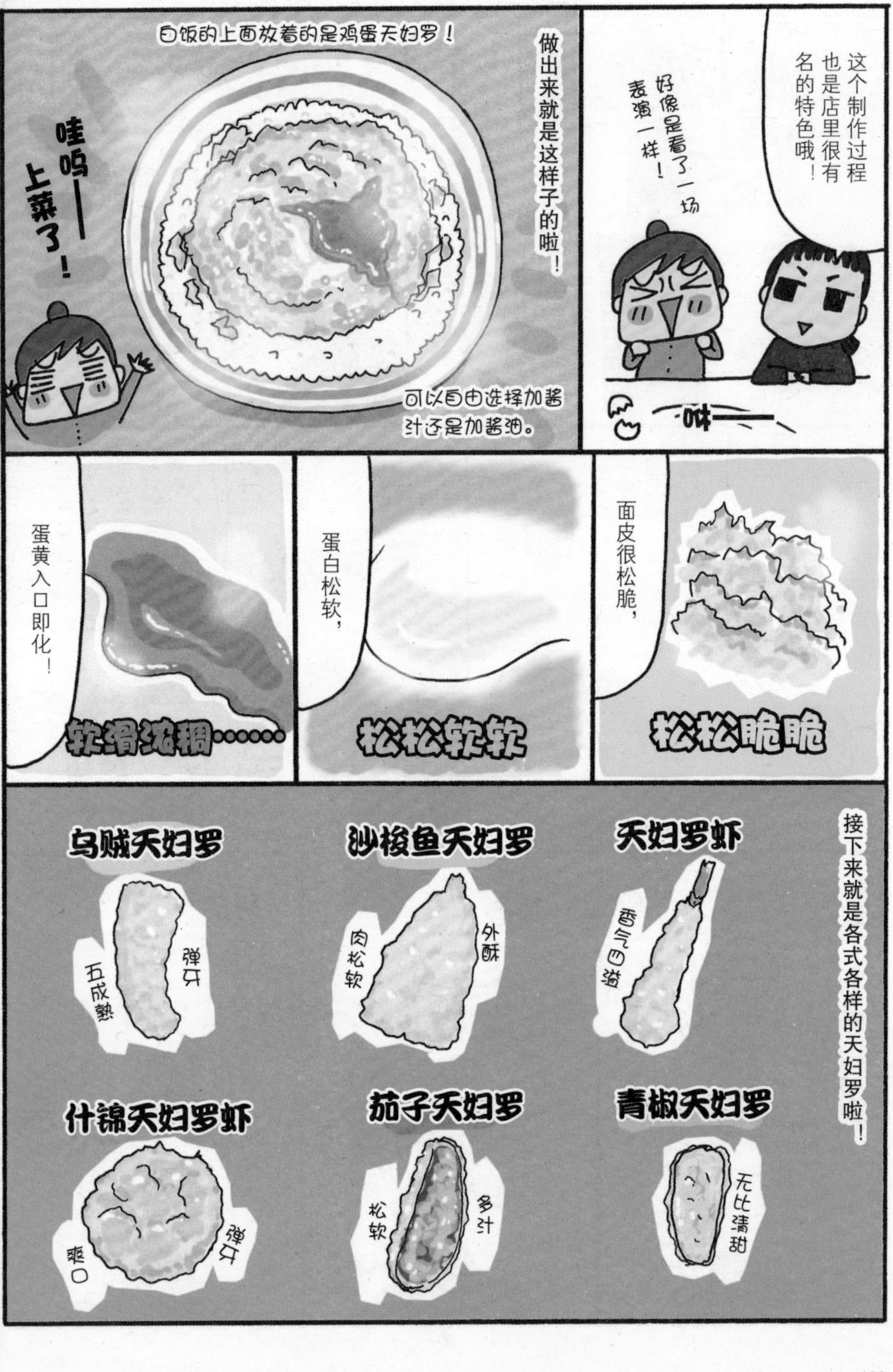

白饭的上面放着的是鸡蛋天妇罗！
做出来就是这样子的啦！
哇呜——上菜了！
可以自由选择加酱汁还是加酱油。
这个制作过程也是店里很有名的特色哦！
好像是看了一场表演一样！
咻——
蛋黄入口即化！
软滑浓稠……
蛋白松软，
松松软软
面皮很松脆，
松松脆脆
接下来就是各式各样的天妇罗啦！
乌贼天妇罗
五成熟
弹牙
沙梭鱼天妇罗
肉松软
外酥
天妇罗虾
香气四溢
什锦天妇罗虾
爽口
弹牙
茄子天妇罗
松软
多汁
青椒天妇罗
无比清甜

特别是西兰花天妇罗，非常好吃！
虽然是第一次吃，但是味道却十分惊艳！
西兰花油炸后，不仅没有了蔬菜的土腥味，还充分凸显出了浓郁的鲜甜味！
松软香甜！
西兰花天妇罗的火候很难控制，炸得不好的话就会很油腻哦！
在天助，除了鸡蛋天妇罗外还有很多新奇的天妇罗和下酒菜！
菜椒酿生牡蛎
1000日元
油梨酿海胆
1000日元
鮟鱇鱼肝豆腐
550日元
菜椒
牡蛎
紫菜
海胆
油梨
真的都好想吃吃看啊！
嘿——咻！
即使是独自一人去用餐，也能尽情享受着美食带来的愉快！
将美味呈给客人，用美食传递快乐，这应该是老板一直所追求的乐趣吧！
最后一家是位于银座的『近藤天妇罗』。
稍稍打扮了一下才来的！
可以看出，其他客人也是经过了一番悉心打扮。
很多到近藤用餐的客人，不单单是为了享受这里的美食，同时也是享受这里的环境以及在这里度过的用餐时光。

闪闪发光
像舞台一样
华丽明亮！
这里的老板近藤先生是将蔬菜融进天妇罗的第一人，要知道在江户前时期，天妇罗一直是以海鲜为材料，蔬菜天妇罗被认为是不正宗的。
所以我们店并没有号称自己是江户前天妇罗哦！
这家店特别强调『将食材的美味发挥到极致』，也因为这个宗旨，老板一直致力于食材特性的研究，这次应该能尝到很多不一样的惊人美味哦！
这真的很令人期待啊！
我们点了午餐『堇套餐』（6300日元）。
外皮很通透，透过外皮可以隐隐约约看到鲜红的虾肉，十分诱人！
天妇罗系列陆续登场：
日本对虾！
因为分成两次上菜，所以第一次可以先蘸盐吃，第二次可以蘸其他酱汁享用！
松松脆脆的外皮，爽口弹牙的虾肉！而且虾肉非常嫩滑，维持在半熟的状态，火候的控制真的是超级绝妙！
好好吃哦！
接下来就是芦笋天妇罗。
鲜嫩油绿的大根芦笋，粗壮肥美！切成三等份上菜。
让人不禁怀疑，芦笋有这么水嫩吗？真的是太多汁，太美味了！
芦笋的味道很浓郁，又很清香呢！

套餐里面一共有十种天妇罗，每一样都是意想不到的美味！
莲藕天妇罗
茄子天妇罗
小洋葱天妇罗
大眼鲬天妇罗
沙梭鱼天妇罗
康吉鳗鱼天妇罗
外皮的口感真的很让人惊讶！
外皮真的是太轻薄了！
炸好后将天妇罗放在天妇罗纸上基本上不会残留油滴，这种完全不含有多余油脂的技艺这也是近藤的绝活哦！
除了套餐之外，我们还点了其他菜色。
请大家务必要尝一尝这道菜！
萝卜丝天妇罗
630日元
将胡萝卜切成极细的细丝，沾裹粉浆后炸成蔬菜饼。
简直就像拉糖艺术一样精致！
放入口中——
香酥……
香酥……
入口即化！随之而来散开的是满满的胡萝卜甜味……
这不是普普通通的胡萝卜，美味的程度已经达到了出神入化的境界了！
还有一个推荐菜品是番薯天妇罗！无论是它的制作方法还是美味程度都是远远超出想象的哦！
将处理成圆筒形的番薯整个放进锅中慢炸三十分钟。
之后用厨房用纸将番薯包好，使余热满满渗入内部，使番薯中间也完全熟透。
“蒸透”是极为关键的一步！
经过精心制作后的成品是这样的！
番薯天妇罗
1260日元
约有10cm高
表面炸到十分香脆的圆筒形番薯
因为要花费30分钟的制作时间，所以请提前下单哦！

外层是松松脆脆的，里面则是非常松软！
吃起来像烤番薯一样香甜！
里外口感的反差，对比实在太赞了！
番薯非常绵密细致，就像用网过滤过一样，在嘴巴里的口感非常松软！
感动……
恐怕再也没有其他料理，能够比这道菜更能将番薯的美味发挥得如此淋漓尽致了吧！
吃完天妇罗之后，套餐以米饭、味噌汤和甜点作为结尾！
腌小菜
白饭
红酱汤
应季水果
近藤先生每天亲自研磨的新鲜白米！
啊，实在是太好吃啦！
村泽先生笑得好开心啊！
来到这里的每位客人，都是带着满足灿烂的微笑离开的呢！
刚刚跟我们坐在一起的太太们也吃得很开心呢！
神采奕奕！
费时费工，灌注热情，全心全意做成的天妇罗，不仅传递着感动，更是给我们带来一种无比充实的幸福感。
吃东西并不是一件只是简单填饱肚子的事情呢！
这次的美食之旅也让我重新体会到了饮食对于人的重要性，真是一场宝贵的体验。

“天助”——油梨酿海胆

采访的时候因为已经吃得很饱，
所以没能吃到。
但是实在是太想尝一尝了，于是
后来又找个机会去了一次！

油梨酿海胆 1000日元
紫菜
酱油
半生熟的
海胆
海葵

海胆入口即化，和
油梨混合在一起吃
味道香醇浓厚！

这样的组合搭配
怎么可能会不好吃呢！

炸好趁热吃，这才是品尝美味的最佳标准！

继荞麦面、鳗鱼之后介绍的另一样江户代表美味——天妇罗。
虽说做法只是将原料裹上外皮炸好，料理程序似乎非常简单，
但是也正因简单，才能吃出食材原本的美味，以及感受到厨师高超的技艺。
其实这种是难度很高的料理，因此，天妇罗也被称为
“吃的是原料和制作人的手艺”的美食。
关于天妇罗，还有一句这样的俗语——“把它当成深恶痛绝的敌人来吃”，
其实这说的就是趁热吃，这也是品尝天妇罗正确的方法。
坐在吧台一边看着师傅制作，一边握着筷子等待，
这些客人，还真的挺像是看见“深恶痛绝的敌人”，想要快点儿吃掉他们一样呢！

吃饱饱推荐店面

逢坂天妇罗
东京港区西新桥 2-13-16
电话：03-3504-1555
营业时间：11：15-14：00
17：30-23：00
（点餐时间截至 21：00）
* 周六 17：00 开始营业
周日、节假日、每月第 3 个周六休息

天助
东京杉并区高(yuán)円寺北 3-22-7
电话：03-3223-8505
营业时间：12：00-14：15
* 周末、节假日 11：30-15：00
18：00-22：00
周一休息

近藤天妇罗
东京中央区银座 5-5-13 坂口大厦 9F
电话：03-5568-0923 * 需要预约
营业时间：12：00-13：30
17：00-20：30
周日、节假日的周一休息

让你称心满意的性价比——

名店午餐

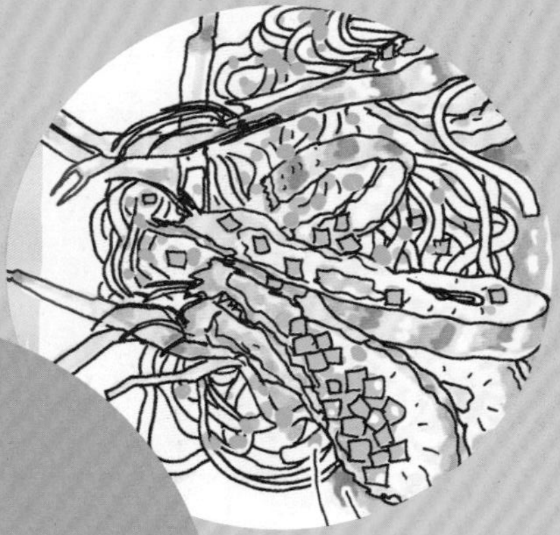

㉛ 银座 Asami（银座）

㉜ HIRO 西餐厅（丸之内）

㉝ szechwan restaurant 陈（涩谷）

我们这次的主题是名店商业午餐之旅！
名店？
东京虽然有很多『超高级』的店，但其实那里的午餐是非常实惠的。
因为午餐的竞争实在是太激烈了，名店也不得不推出物超所值的平价餐点来打起价格战来。
这样的店门槛太高，平常都去不了，这次我真的太有福气啦！
哟吼！
第一家是位于东银座的银座『Asami』。
一开门
哇！
好漂亮！
地板镶嵌着精致的陶片。
这些是作家高桥诚先生所创作的碟子哦！
从我踏进这里的第一步开始，我们的名店之旅就正式开启了！

店内用柏木做成的吧台十分宽敞，很有格调。
『Asami』是高级的日本料理店。
这间店午餐推出的鲷鱼茶泡饭简直就是极品哦！
就是这些极品啦！
鲷鱼茶泡饭 1500日元
海蜇皮与腌小黄瓜
酱菜
吸满酱汁的鲷鱼
附有餐后甜点
鲣鱼干拌小松菜
啊啊，我好喜欢这道的！
好开心！
首先先品尝鲷鱼刺身！
很厚的切片！
鱼肉又脆又弹牙，太棒的口感啦！
嗯！
好想就这样全部吃光哦！
每天早上老板都会亲自从筑地市场进货的哦！
究竟啥时候吃茶泡饭比较好呢，这个时间点让人好犹豫……

还有，淋在鱼肉上的芝麻酱汁也很美味！
一般说到芝麻酱汁，都是以芝麻和酱油为基底，但是这里还另外添加了核桃。
味道醇厚香浓，很特别的一款芝麻酱汁！
香浓滑顺……
浓郁的味道，感觉跟茶泡饭应该很搭！
抑制住想一口气吃完刺身的心情，赶紧先吃茶泡饭！
留下一半
搭配使用的茶是蒸青茶。
缓缓倒入
不用高汤，而是选择用茶来泡饭，这点很赞呢！
因为泡了热茶，所以肉质变得很松软，而且细致嫩滑了吧！啊！
啊——哈
茶很香醇，加上喷香的芝麻酱汁，就把风味又往上提了一层了呢！
神速空盘！
啊……好吃到让人真想把剩下的酱汁再泡一碗饭来吃……
滑滑溜溜……
白饭可以续碗，所以用剩下的酱汁再泡一碗也完全可以哦！
在店内典雅稳重的环境里享用美味的茶泡饭，这不仅仅是品尝美食的过程，更是一种人生享受。
虽然是题外话，但是这里的老板真的好帅！就像明星一样！

接下来就是意大利料理名店『HIRO』西餐厅。
地点就在东京站附近的丸大厦三十五楼。
『HIRO』有好几家分店，
因为这边位于商务人士集聚的地区，所以价格相对其他分店来说会比较平价一些哦！
快速上升
*电梯内
醒目的红色招牌。
BISTORANTE HiRo CENTRO
哇，好漂亮的景色！
从窗户看出去，可以远眺东京繁华的街景。
从六款套餐中，
我们点了A套餐。
Pranzo A
1575日元
意大利面+
点心、
饮料
的套餐组合。
*这是采访时的菜单。
每个套餐都配有面包。
万岁——我最喜欢面包了！
这是本店自制的面包。
意大利面包香香甜甜的，还很有嚼劲！
岩盐沙沙的颗粒口感吃起来很赞！
黑橄榄
全麦粉面包：
好烫！
刚出炉不能
用手拿啊！

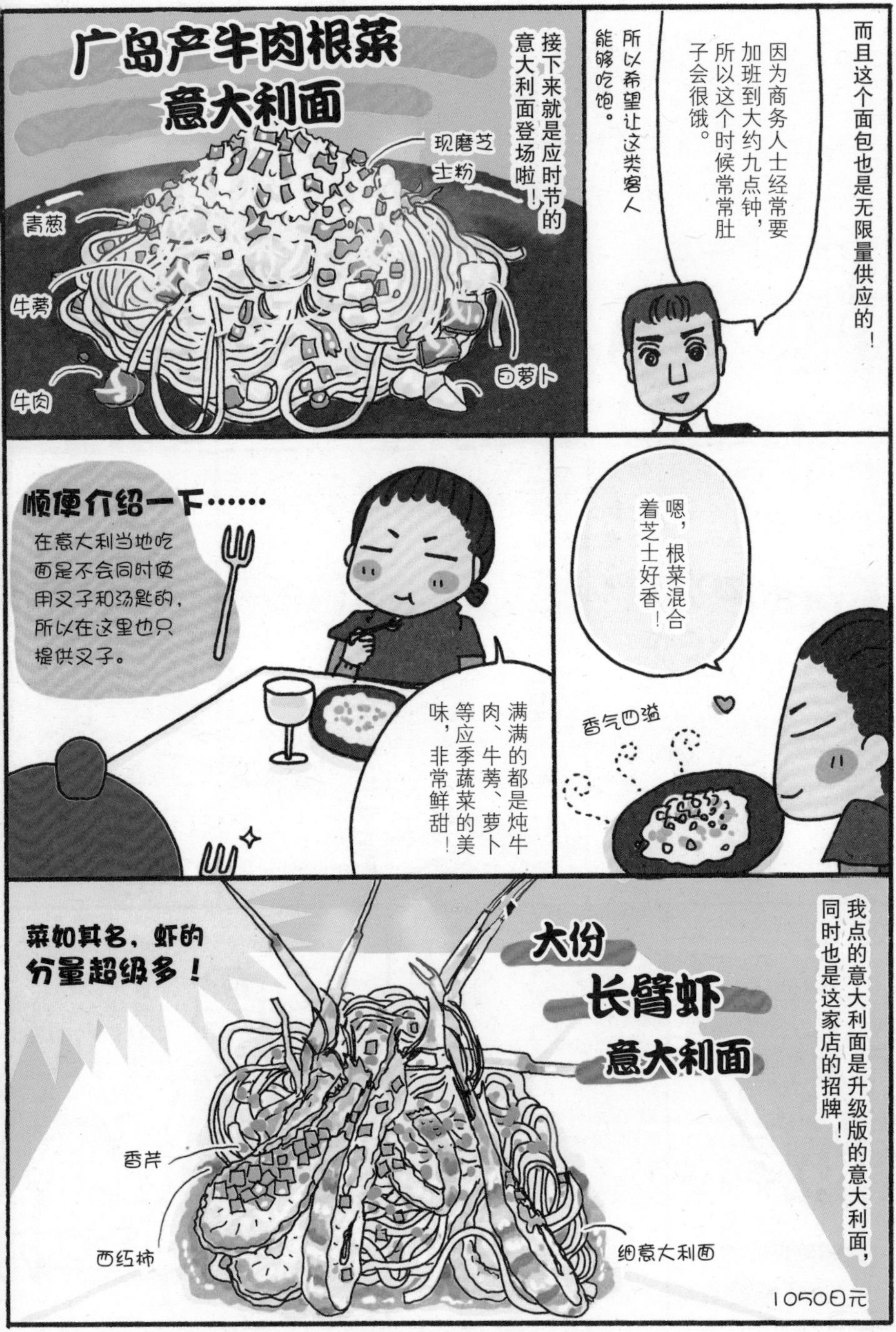

而且这个面包也是无限量供应的！
因为商务人士经常要加班到大约九点钟，所以这个时候常常肚子会很饿。
所以希望让这类客人能够吃饱。
接下来就是应时节的意大利面登场啦！
广岛产牛肉根菜意大利面
现磨芝士粉
青葱
牛蒡
牛肉
白萝卜
嗯，根菜混合着芝士好香！
香气四溢
满满的都是炖牛肉、牛蒡、萝卜等应季蔬菜的美味，非常鲜甜！
顺便介绍一下……
在意大利当地吃面是不会同时使用叉子和汤匙的，所以在这里也只提供叉子。
我点的意大利面是升级版的意大利面，同时也是这家店的招牌！
大份长臂虾意大利面
菜如其名，虾的分量超级多！
香芹
西红柿
细意大利面
1050日元

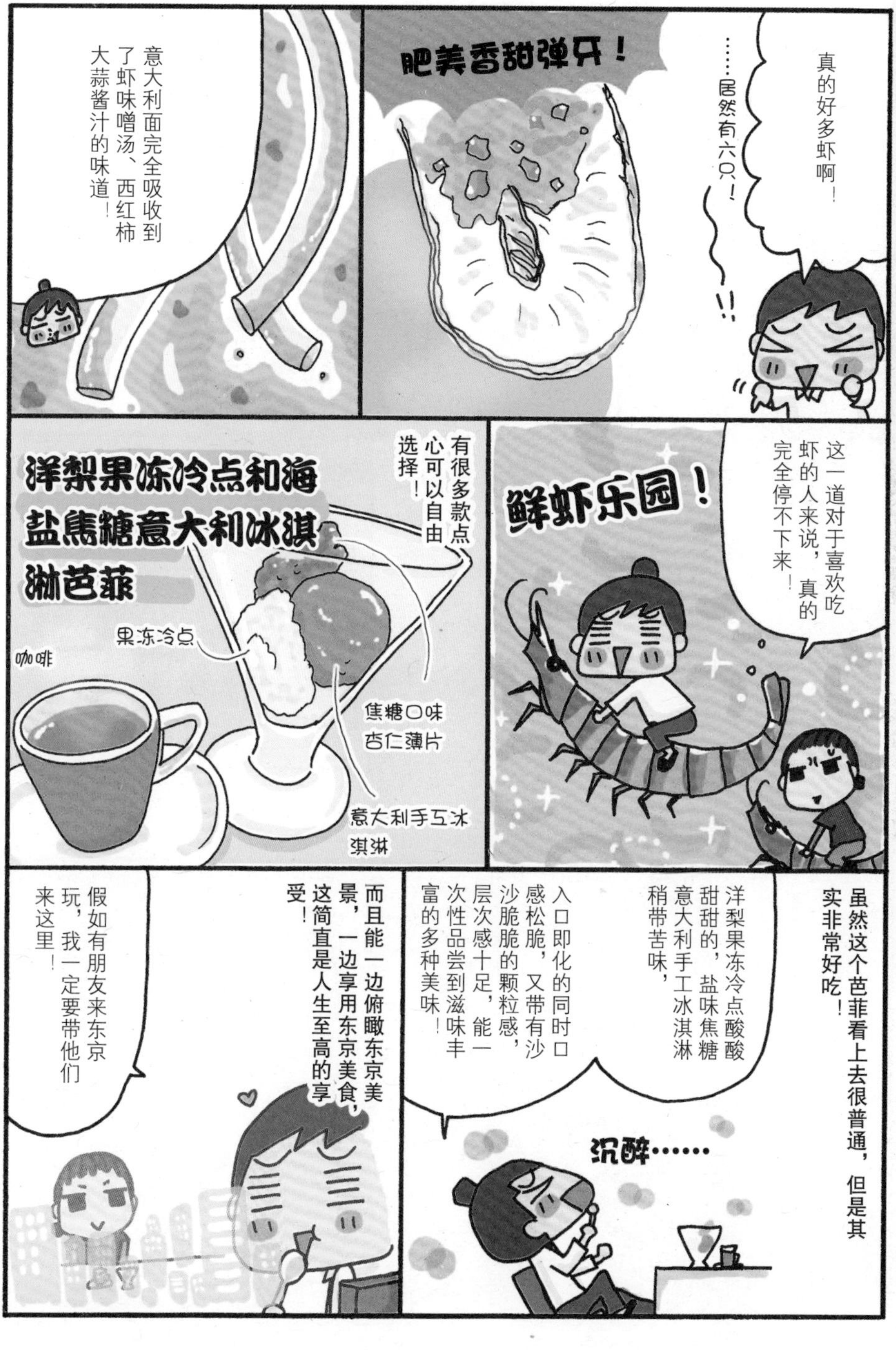
意大利面完全吸收到了虾味噌汤、西红柿大蒜酱汁的味道！
肥美香甜弹牙！
……居然有六只！！
真的好多虾啊！
洋梨果冻冷点和海盐焦糖意大利冰淇淋芭菲
有很多款点心可以自由选择！
果冻冷点
咖啡
焦糖口味杏仁薄片
意大利手工冰淇淋
鲜虾乐园！
这一道对于喜欢吃虾的人来说，真的完全停不下来！
虽然这个芭菲看上去很普通，但是其实非常好吃！
洋梨果冻冷点酸酸甜甜的，盐味焦糖意大利手工冰淇淋稍带苦味，入口即化的同时口感松脆，又带有沙沙脆脆的颗粒感，层次感十足，能一次性品尝到滋味丰富的多种美味！
沉醉……
而且能一边俯瞰东京美景，一边享用东京美食，这简直是人生至高的享受！
假如有朋友来东京玩，我一定要带他们来这里！

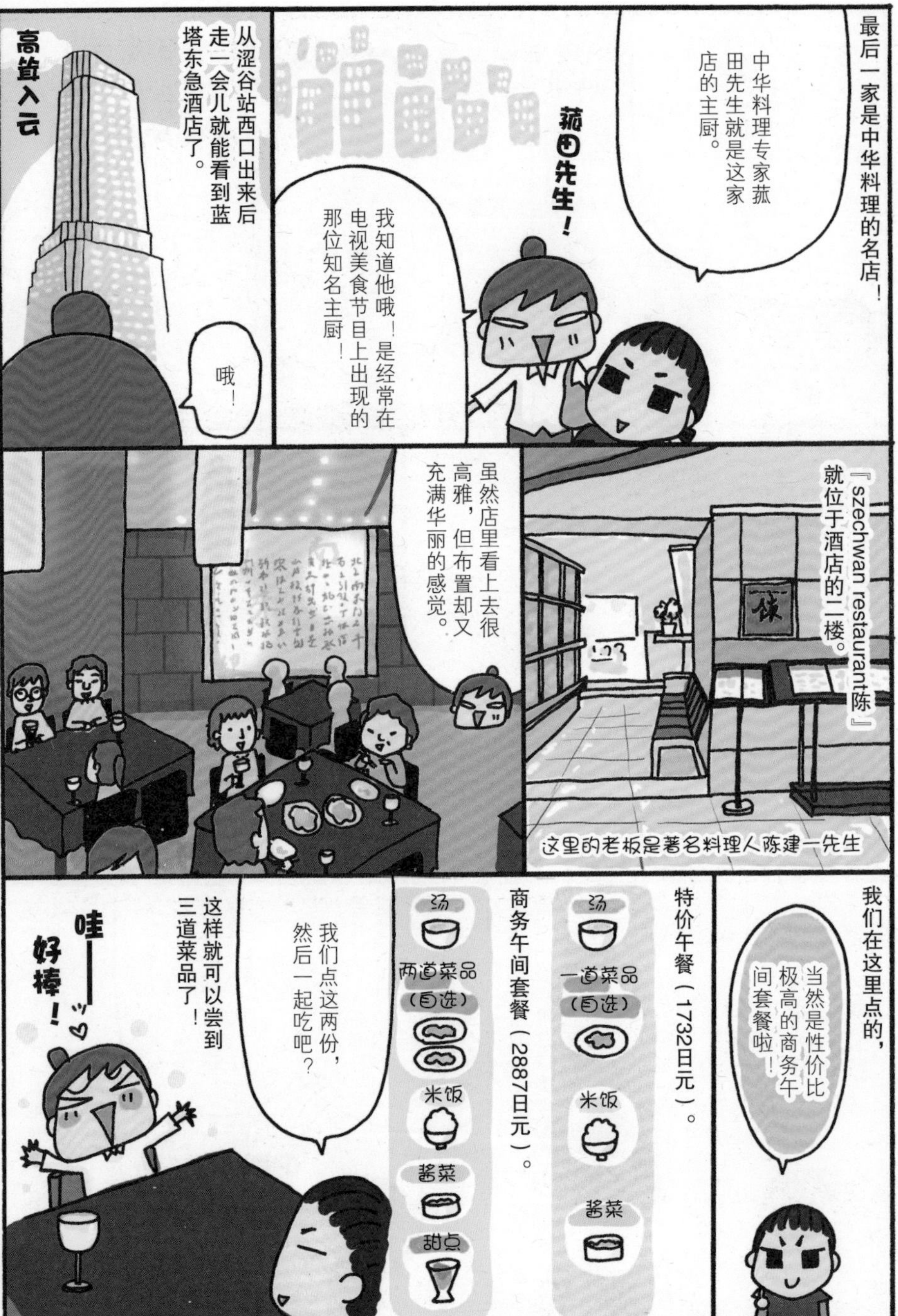

最后一家是中华料理的名店！
中华料理专家菰田先生就是这家店的主厨。
菰田先生！
我知道他哦！是经常在电视美食节目上出现的那位知名主厨！
从涩谷站西口出来后走一会儿就能看到蓝塔东急酒店了。
高耸入云
哦！
『szechwan restaurant陈』就位于酒店的二楼。
这里的老板是著名料理人陈建一先生
虽然店里看上去很高雅，但布置却又充满华丽的感觉。
我们在这里点的，
当然是性价比极高的商务午间套餐啦！
特价午餐（1732日元）。
汤
一道菜品（自选）
米饭
酱菜
商务午间套餐（2887日元）。
汤
两道菜品（自选）
米饭
酱菜
甜点
我们点这两份，然后一起吃吧？
这样就可以尝到三道菜品了！
哇——ッ
好棒！

我们选了这三道菜品！
吃起来非常爽口弹牙的虾肉
虾膏的味道完全融合进了酱汁里，味道非常浓郁！
茭白
口感清脆的青江菜
香菇
嗯ん！
炒青菜与肥美大虾仁虾膏！
没有煮软的菜茎也很好吃，非常清甜，不输松阪猪！
猪肉炒得很入味，是口感很好的松阪猪！
木耳
青椒
甜甜脆脆的菜茎最棒了！
胡椒炒肉片
这种辣好赞！！
辣味、酸味搭配得天衣无缝！酸辣中还带着浓厚和香醇！
软滑的豆腐
蒜苗
香浓多汁的猪肉
正宗的四川味道！
陈建一麻婆豆腐

每一道都分量十足，又超级好吃！
麻烦我还要一碗白饭！
所有的菜都非常下饭！
就连汤和酱菜也非常精致美味，真的很开心！
里面加了金华火腿、金针菇和鸡蛋等……
这个榨菜太好吃了！
不知不觉就到了中午十二点。
哇啊
骚动
骚动
静静显露……
登场！
哦哦！
菰田主厨
吧台前的玻璃会突然变得透明，能将整个厨房都看得一清二楚！
哇，好棒的安排啊！
坐在吧台的人应该连锅都能看清楚吧！
下次我也要坐在吧台吃！
表面看起来门槛很高的名店，其实也会亲切温和地敞开大门，所以没问题哦！
请务必要试试名店的超级午餐！能从此走进新的美食世界哦！
走！

szechuan restaurant陈

仔细看一看会发现，
所有的店员的胸前都别上了胸章……

原来是老板陈先生的
头像胸章！

攻占了午餐的制高点，就能在名店中称霸！

说东京的名店包罗世界美食，这句话一点也不过分。
东京的街头上，所谓的"名店"鳞次栉比。
虽然如此，但价格太高的店，老百姓也很难随意光顾。
但事实上很多名店都认为如果客人能吃得满意的话，
那么晚餐也会愿意花更多的钱来消费。
所以许多名店都在午餐的性价比上花了大工夫，为的就是吸引更多的客人。
因此即使是平时认为门槛很高的名店也没有关系，
请迎着午日的阳光，怀着轻松的心情进店。
最开心的事情莫过于，花一两千日元就能享受到高级餐厅的美食哦！
事实证明名店的商务午餐物有所值，请务必去尝一尝哦！

吃饱饱推荐店面

银座 Asami
东京中央区银座 8-16-6 常磐木馆 1 楼
电话：03-5565-1606 * 欢迎预约
营业时间：11：30-15：00（点餐时间截至 14：00）
17：00-23：00（点餐时间截至 21：30）
周日、节假日休息

HIRO 西餐厅
东京千代田区丸之内 2-4-1 丸之内大厦 35F
电话：03-5221-8331
营业时间：11：00-14：00（最后点餐时间）
18：00-21：00（最后点餐时间）
全年无休

szechwan restaurant 陈
东京涩谷区樱丘町 26-1 蓝塔东急酒店 2 楼
电话：03-3463-4001
营业时间：11：30-15：00（点餐时间截至 14：00）
17：30-23：00（点餐时间截至 21：30）
全年无休

全国新鲜食材大集结——市场料理

（新鲜食材即买即做）

㉞高桥鱼料理（筑地市场）

㉟Kitsuneya（筑地市场）

㊱三洋食堂（大田市场）

㊲武寿司（足立市场）

最后作为结束的主题是……
市场美食！
东京的市场是全国数一数二的新鲜食材汇集地，同时也聚集了很多美食家。
也正因为有许多美食家，所以这里的美食也特别讲究吧！
首先我们来到了已经变成了美食兼观光胜地的筑地市场。
築地市場正門
筑地市场是男人们的天下，所以在这里的店内用餐时都有一种约定俗成的规矩。
约定俗成的规矩？
运输车穿梭
专心大口吃饭，吃完马上走就是这里的规矩。
因为这里的店都很窄，所以不建议多人一起来。
我们到了哦！
位于筑地市场里的『高桥鱼料理』。
高はし
高はし
高はし

这里的招牌菜是冬天推出的安康鱼，但是在全年都推出的菜色中，最有名的料理还是康吉鳗鱼盖浇饭！
让人大吃一惊的好吃哦！
我最喜欢康吉鳗鱼了！
谢谢您的光临哦！
开朗健谈的老板让整个店里都充满朝气！
接着立刻端上来的是康吉鳗鱼盖浇饭！
康吉鳗鱼盖浇饭 1300日元
芥末
在铺了紫菜丝的白饭上面，放了淋有酱汁的煮熟的康吉鳗鱼
嗯——
满满的康吉鳗鱼香味！
香气四溢
用筷子夹起来时……
哇！软得快要散开了一样！
软软滑滑的……
我开动啦！
期待兴奋
心跳加速
嗯啊
饱满松软
细致绵密
入口即化！

一点儿腥味也没有，太好吃了！
用来中和鳗鱼原来味道的酱汁，甜而不腻，很好吃吧！
和芥末一起吃，更是完美，很清爽的味道，感觉身心都舒畅了。
还真的是呢！
因为还放了花椒和五香粉，所以味道很有层次感！
配的小菜、味噌汤也都很不错！
萝卜干丝
芋头
每道都很入味！
鸭儿芹
裙带菜
豆腐
这里不仅能体会到市场的气氛，还能在这朝气蓬勃的店里品尝到如此新鲜的美味，真的是人生一大享受啊！
谢谢惠顾！
嘴里还充满着幸福！
接下来是在筑地市场外的『Kitsuneya』。
きつねや
就是这里！从前就很想来，但是一直很多人排队，又因为是要站着吃，所以一直没有鼓起勇气来。
哇呜！
这家店也很受专业美食家的青睐哦。

『Kitsuneya』最有名的就是这个啦！
牛杂盖浇饭 800日元
满满的葱
蒟蒻
牛肠
味道好像是用八丁酱调味的哦！
牛杂的味道展现得太淋漓尽致了！
味道很浓厚……
可以享受到不同部位的味道，太有趣了！
*这时是12月
哈呼
哈呼
虽然是在寒风中，但在户外品尝美食也是一种享受啊！
我点的是……
牛肉盖浇饭 630日元
洋葱
切好的牛肉
调味是以酱油为基底
煮得十分软烂的牛肉和洋葱融合在一起，太好吃了！
会让人想一口接一口吃光呢！
真的很后悔没有早点鼓起勇气来尝一尝！
啊，真的太好吃了！

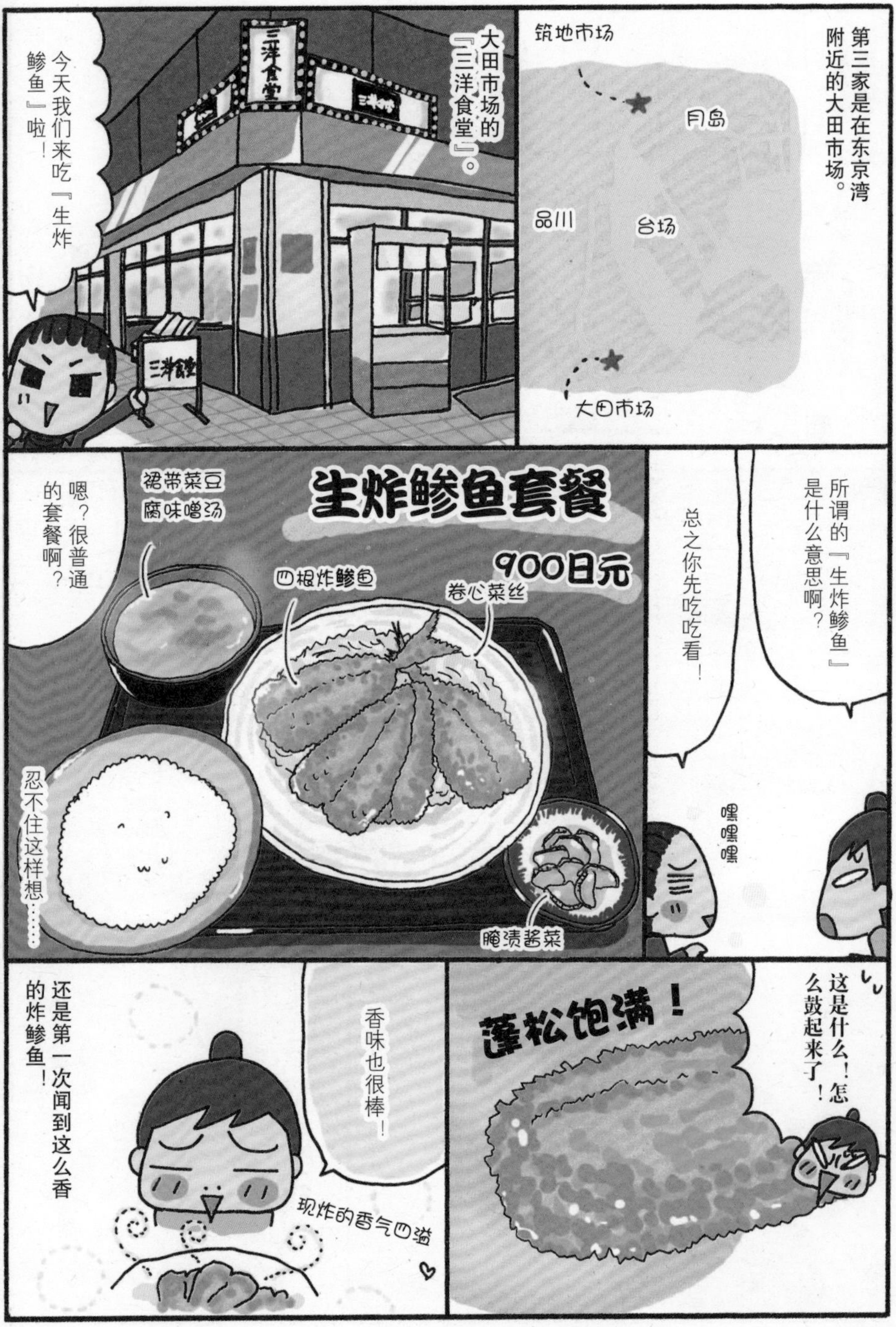
第三家是在东京湾附近的大田市场。
筑地市场
月岛
品川
台场
大田市场
大田市场的『三洋食堂』。
三洋食堂
今天我们来吃『生炸鲹鱼』啦！
三洋食堂
所谓的『生炸鲹鱼』是什么意思啊？
总之你先吃吃看！
嘿嘿嘿
生炸鲹鱼套餐
900日元
裙带菜豆腐味噌汤
四根炸鲹鱼
卷心菜丝
腌渍酱菜
嗯？很普通的套餐啊？
忍不住这样想……
这是什么！怎么鼓起来了！
蓬松饱满！
香味也很棒！
还是第一次闻到这么香的炸鲹鱼！
现炸的香气四溢

*只在鲹鱼产季提供。

赶紧尝了一口……
松脆
!!
超级无敌
好吃啊！
是吧？
这道料理选用的食材是新鲜的鲹鱼哦，新鲜的程度简直可以直接拿来做刺身了。
所以叫『生』炸鲹鱼！
感觉酱汁都是多余的……
鱼的鱼肉本来已经很多汁液了，面衣又非常香酥松脆！这是我至今为止吃过最好吃的炸鲹鱼！
正是因为鲹鱼很新鲜，所以才会炸得那么松软。
这里还有一款每天限量二十份的刺身套餐，里面有一整盒生海胆哦！
一整盒？
价格竟然只要——
1300日元！
真是太便宜了！
生海胆金枪鱼刺身套餐
1300日元
金枪鱼
生海胆
腌渍酱菜
居然能吃到一盒生海胆，真的是太幸福了！
无论是分量还是新鲜度都是满分！
深刻体验到了炸 鱼的惊人美味，虽然地方有点难找，但非常值得一去！
下次我也要来试试一人吃光整盒生海胆！

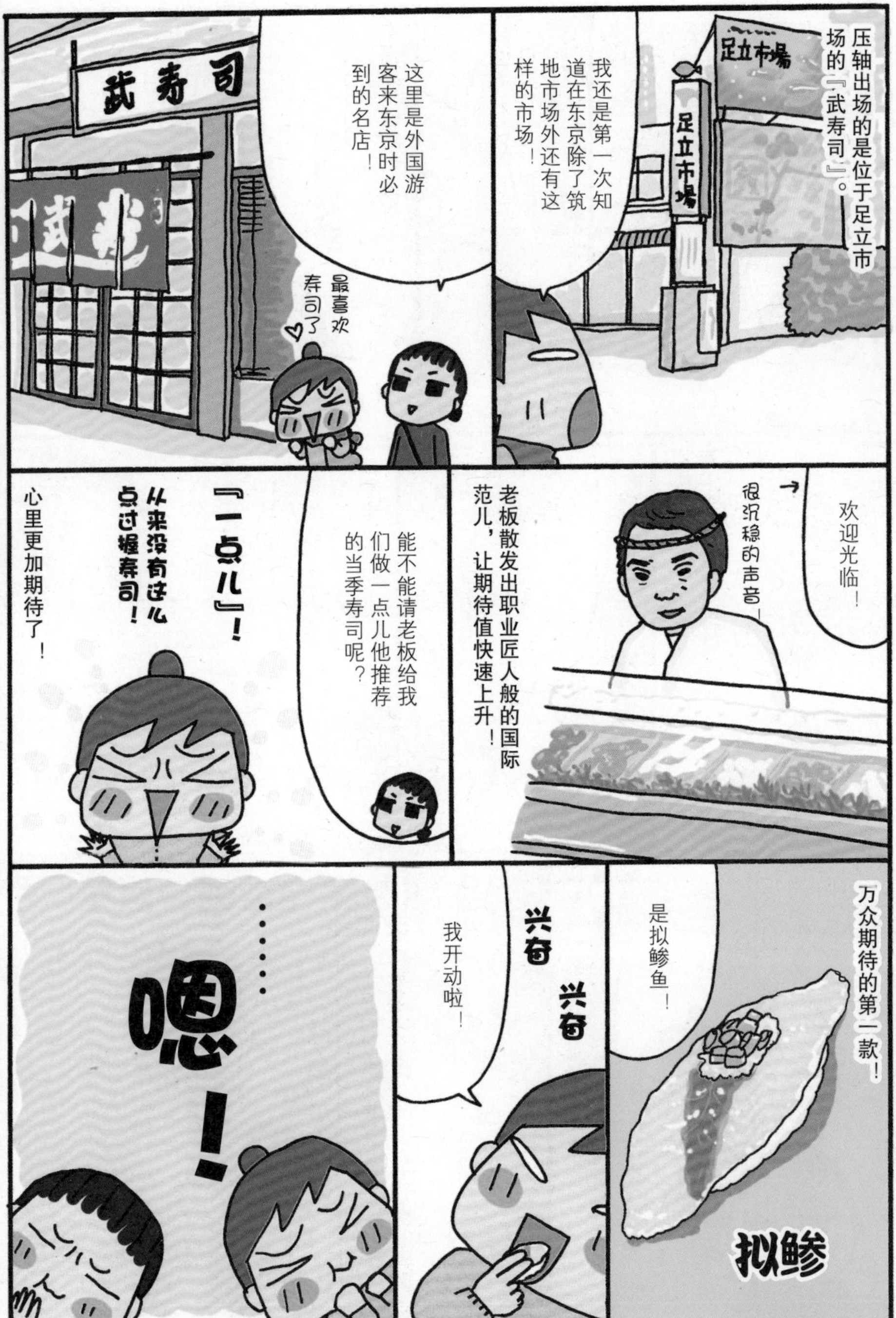
压轴出场的是位于足立市场的『武寿司』。
足立市場
足立市場
我还是第一次知道在东京除了筑地市场外还有这样的市场！
武寿司
这里是外国游客来东京时必到的名店！
最喜欢寿司了♥
欢迎光临！
→很沉稳的声音！
老板散发出职业匠人般的国际范儿，让期待值快速上升！
能不能请老板给我们做一点儿他推荐的当季寿司呢？
『一点儿』！
从来没有这儿点过握寿司！
心里更加期待了！
万众期待的第一款！
是拟鲹鱼！
拟鲹
兴奋
兴奋
我开动啦！
……
嗯！

*握寿司的种类以进货为准，每天不一样。

*一个寿司300-450日元 握寿司(综合)1050日元。

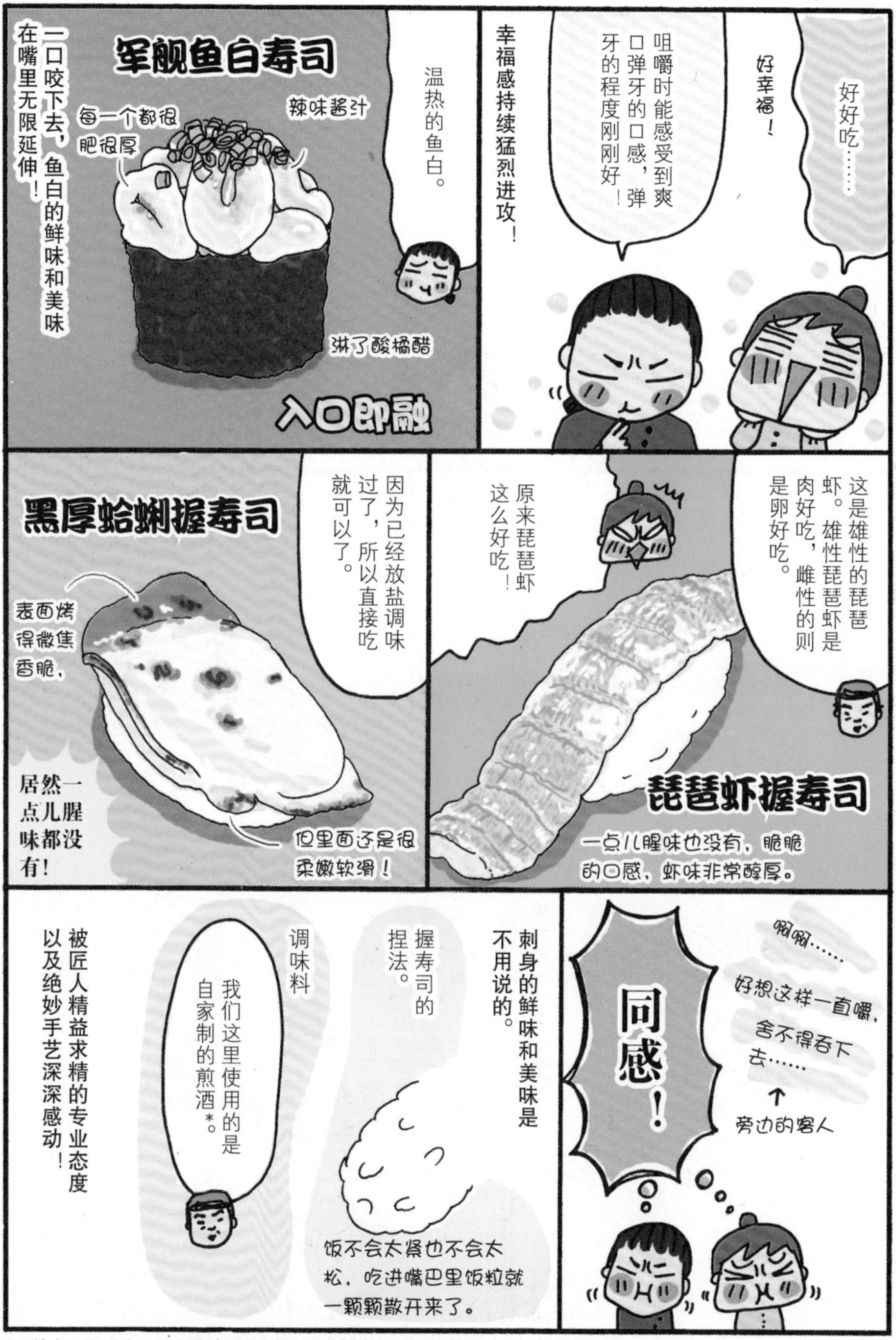
好好吃……
好幸福！
咀嚼时能感受到爽口弹牙的口感，弹牙的程度刚刚好！
幸福感持续猛烈进攻！
温热的鱼白。
军舰鱼白寿司
辣味酱汁
每一个都很肥很厚
淋了酸橘醋
入口即融
一口咬下去，鱼白的鲜味和美味在嘴里无限延伸！
这是雄性的琵琶虾。雄性琵琶虾是肉好吃，雌性的则是卵好吃。
原来琵琶虾这么好吃！
琵琶虾握寿司
一点儿腥味也没有，脆脆的口感，虾味非常醇厚。
因为已经放盐调味过了，所以直接吃就可以了。
黑厚蛤蜊握寿司
表面烤得微焦香脆，
但里面还是很柔嫩软滑！
居然一点儿腥味都没有！
啊啊……
好想这样一直嚼，舍不得吞下去……
旁边的客人
同感！
刺身的鲜味和美味是不用说的。
握寿司的捏法。
饭不会太紧也不会太松，吃进嘴巴里饭粒就一颗颗散开来了。
调味料
我们这里使用的是自家制的煎酒*。
被匠人精益求精的专业态度以及绝妙手艺深深感动！

*以前在江户时代还没有酱油，那时候的调味料是将梅干放进日本酒一起熬煮。

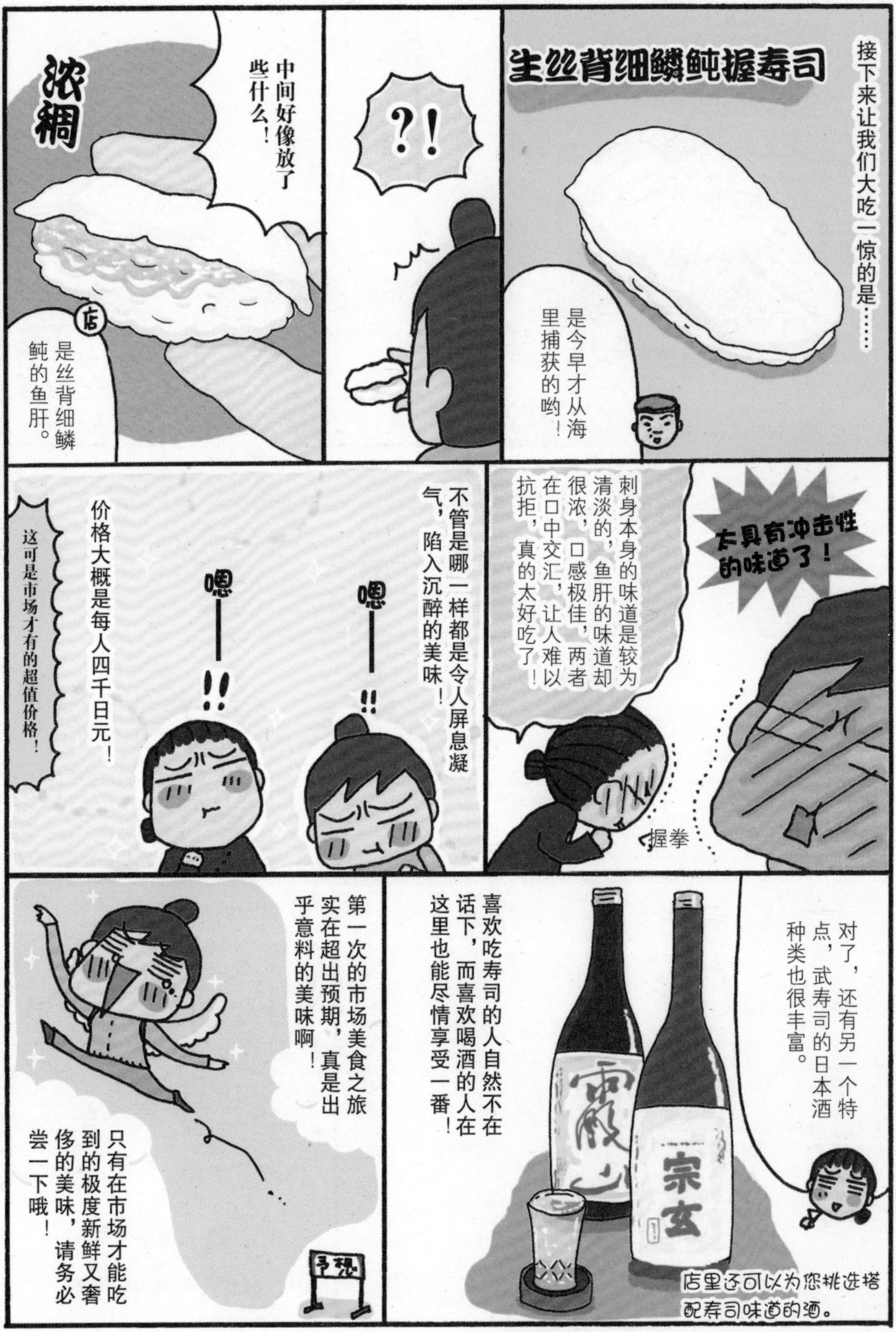
接下来让我们大吃一惊的是……
生丝背细鳞鲀握寿司
是今早才从海里捕获的哟！
?!
中间好像放了些什么！
浓稠
店
是丝背细鳞鲀的鱼肝。
刺身本身的味道是较为清淡的，鱼肝的味道却很浓，口感极佳，两者在口中交汇，让人难以抗拒，真的太好吃了！
太具有冲击性的味道了！
握拳
不管是哪一样都是令人屏息凝气，陷入沉醉的美味！
嗯——!!
嗯——!!
价格大概是每人四千日元！
这可是市场才有的超值价格！
对了，还有另一个特点，武寿司的日本酒种类也很丰富。
喜欢吃寿司的人自然不在话下，而喜欢喝酒的人在这里也能尽情享受一番！
宗玄
店里还可以为您挑选搭配寿司味道的酒。
第一次的市场美食之旅实在超出预期，真是出乎意料的美味啊！
只有在市场才能吃到的极度新鲜又奢侈的美味，请务必尝一下哦！

“高桥鱼料理”的架子

高桥鱼的老板是自认也是公认的
高达机器人迷，
也就是所谓的“高达宅”！
因此以前店里的架子上，
会放着高达机器人当作装饰。
（中川小姐这么说）。

采访的时候很难不去注意。

架子放了个很像阿拉伯人装
扮的大黑天神人偶？！
（听说是朋友送的伴手礼）

行程也许艰难，但是超级值得一吃

在这次的东京美食之旅中，也许行程最艰辛的就是本次的市场料理篇。
为什么这么说呢，因为所介绍的店家，
原本就是美食家、以及饭店老板们在采购食材完毕后会来光顾的小吃店，
所以为了不打扰到在市场工作的人，也是为了顺利地来采访，
选择来的时间是很重要的。
筑地市场的采访时间大概是在 9 点到 10 点左右，大田市场是午饭时间，
而足立的“武寿司”可预约，所以提前预约就肯定不会错了。
而市场料理的魅力就在于即使困难重重，但依然值得一吃。
毕竟，这些市场可都是通过专业美食家的认可，
所以有着无与伦比的鲜度和美味！

吃饱饱推荐店面

高桥鱼料理

东京中央区筑地5-2-1筑地市场8号楼
电话：03-3541-1189 *仅在营业时间内服务
营业时间：8：00-13：00
周日、节假日、休市日休息
休市日→http://www.tsukiji.or.jp

三洋食堂

东京大田区东海3-2-7大田市场内关连栋（青果栋和水产栋之间）
电话：03-5492-2875
营业时间：5：00-14：00
周日、节假日、休市日休息
休市日→http://www.tsukiji.or.jp

Kitsuneya

东京中央区筑地4-9-12
电话：03-3545-3902
营业时间：6：30-13：30
周日、节假日、休市日休息
休市日→http://www.tsukiji.or.jp

武寿司

东京足立区千住桥户町50足立市场入口
电话：03-3879-2830 *欢迎预约
营业时间7：30-14：00
周日、节假日、休市日休息
休市日→http://www.tsukiji.or.jp

对吧……♡
好幸福……♡

后记

啊……真是度过了一段幸福的时光啊！

就像漫画里描写的一样，中川小姐、小野先生介绍的店都非常棒，是精选中的精品！
而且不仅料理做得好，店里的氛围更是让人舒心。

无论是历史悠久的老字号还是名店，店员们待客都非常谦逊有礼，完全不会高傲。另外，店员们都非常有朝气，神采奕奕，充满魅力，给我留下了非常深刻的印象。

虽然我以前也有出过美食类的书籍，
但还是第一次像这样一口气以漫画的形式将美食记录下来。
我在一一描绘这些料理的过程时是非常享受的！
漫画是根据采访时所拍摄的照片而画成的，
很多次一看照片就想再去一次，但每次都默默地将这种冲动独自回味，转化为画画的动力。

《美食吃饱饱 东京》就是这样被创作出来的。
假如各位看了漫画后，能够感受到我所要传达的料理的美味和每一家店所独有的魅力，或者是有一种『我也要去吃吃看』的心情，那对我来说便是最大的肯定了。

在这里，我要感谢协助我进行采访的各位朋友，
也正是因为各位，我度过了一段非常美味又幸福的时光！

还有在关键时刻给予我强力督促的编辑村泽先生、加藤先生、白川先生，
还有为我排版设计，将本书设计得如此精美的美编千叶小姐，
以及全力支持我的妈妈、姐姐、丈夫，
非常独立的女儿，一直守护着我的爸爸，
真的非常感谢！

最后还有中川小姐、小野先生，
耳机里听着他们对每家店的历史与背景的解说，
回想着品尝着美味佳肴的欢乐时光，
真的是一段非常愉快而难忘的时光啊！
在这里，我再次向你们表示衷心的感谢！

也希望这本书也能给阅读的各位带来同样的幸福和快乐，
希望大家都能享有一段美妙幸福的时光！

二零一四年二月二十五日　豆子

漫友文化
用平底锅和电饭煲也能做出超级美味？
充满创意的54种美味等你揭开面纱！
小海豹的料理
[日] BOKU/著 陈娴/译
南瓜巧克力茶巾绞
用番茄汁做出简单的西班牙海鲜饭
“咚”地一声放进电饭煲！整只番茄饭
只用威士忌和酱油做出的绝品嫩煎猪肉块
用平底锅做出清爽的梅干银鱼饭
全民皆宜的料理食谱系列来袭，
教你用电饭锅把日常料理美味升级！
BOKU 系列食谱
日本销量突破 200000 册！
原版引进风靡日本的手绘料理书
全新中文译本呈现，万众粉丝翘首期待
定价：30.00 元
开本：32 开
© 绘图：BOKU
mywhts.tmall.com

版权合同登记号　图字：19-2016-173 号

图书在版编目（CIP）数据

美食吃饱饱．东京 /（日）中川节子著 ；（日）豆子绘 ；梁雅晶译． — 广州 ： 新世纪出版社， 2016.11
ISBN 978-7-5583-0155-1

Ⅰ. ①美… Ⅱ. ①中… ②豆… ③梁… Ⅲ. ①饮食－文化－东京 Ⅳ. ① TS971

中国版本图书馆 CIP 数据核字 (2016) 第 180111 号

出版人　孙泽军
责任编辑　傅　琨　廖晓威
责任技编　许泽璇

出品人　金　城
策　划　黎嘉慧　范博雅
设计制作　罗卓妮

美食吃饱饱　东京
MEISHI CHI BAOBAO DONGJING

[日] 中川节子 著
[日] 豆子 绘
梁雅晶 译

出版发行　新世纪出版社
（地址：广州市大沙头四马路 10 号　邮编：510102）
策划出品　广州漫友文化科技发展有限公司
经　销　全国新华书店
制版印刷　深圳市精彩印联合印务有限公司
（地址：深圳市宝安区松白路 2026 号同康富工业园）
规　格　889mm×1194mm 1/32
印　张　4.5
字　数　56.25 千字
版　次　2016 年 11 月第 1 版
印　次　2016 年 11 月第 1 次印刷
定　价　39.00 元

如本图书印装质量出现问题，请与印刷公司联系调换。
联系电话：020-87608715-321